東京秒殺香料甜點的
黃金比例配方

喚醒味蕾的極品蛋糕&點心48款

村山由紀子

Introduction

咖哩或南洋風味料理中不可或缺的香料，
是我日常料理中經常大量使用的食材。
將香料加入點心中，
不僅能帶來超乎想像的香氣，還能創造出獨特的風味與口感。

在日本也有許多利用香料製成的點心，
如加入桂皮的人氣甜點「八橋」
或是裹上薑糖的薑味煎餅等。
「桂皮」的原料來自樟科常綠喬木的樹根，
以此喬木的樹皮製成的香料稱為「肉桂」。
薑味則來自生薑，或是將生薑乾燥後製成的薑粉。

若說到我們熟悉的西式甜點，
通常腦海中會浮現製作蘋果派時不可或缺的「肉桂」
以及薑餅裡的主角「薑」。

明明都是讓人印象深刻且充滿特色的滋味，
卻往往成為幕後支援陪襯的角色。希望讓大家更了解這些香料的美好，
這樣的心情便是啟發我製作本書的契機。

享用點心時，在口中輕輕擴散開來的香料香氣。
我個人偏好的香料用法是避免味道過於強烈
且不會掩蓋奶油或麵粉等食材本身的風味。

為了讓大家能依喜好調整香料的用量，
本書也提供了一些可以彈性增減香料分量的新食譜。
建議一開始先按照標準分量做做看，
然後在此基礎上調整。
我相信從中找出自己喜歡的味道也是一種樂趣。

如果本書能讓大家享受製作香料點心的樂趣，
或是成為大家認識新香氣的契機，我將深感榮幸。

村山由紀子

Contents

○ 如果材料表中的香料以括號註明了彈性用量，則
　可在該範圍內自由調整分量（但建議一開始先以
　標準用量製作）。

○ 本書中的奶油皆使用無鹽奶油。

○ 使用的模具會標示為「底部可分離」或「底部不
　可分離」。如果沒有特別註明的話，用哪一種都
　可以。

○ 本書中使用的烤箱是一般家庭用電烤箱。由於烤
　箱的型號或功能有所不同，因此在烘烤時，請觀
　察烘烤狀況調整時間和溫度。

歡迎來到
充滿香料香氣的
甜點世界！

12
綜合莓果奶酥塔

12
胡蘿蔔蛋糕

13
亞爾薩斯香料麵包

Part 1
餅乾＆司康餅

22
薑粉沙布蕾餅乾

22
多香果沙布蕾餅乾

23
檸檬＆小豆蔻餅乾

23
伯爵茶＆白巧克力餅乾

28
巧克力夾心餅乾

30
丁香咖啡餅乾

31
花椒風味鹹餅乾

32
義大利脆餅

34
培根切達起司
黑胡椒司康餅

35
藍莓司康餅

35
南瓜奶油乳酪司康餅
etc.

Part 2
蛋糕

44
肉豆蔻咖啡蛋糕捲

46
葡萄乾核桃磅蛋糕

48
檸檬罌粟籽磅蛋糕

50
丁香柳橙蛋糕

52
烤起司蛋糕

54
可可奶酥咖啡蛋糕

56
香料巧克力蛋糕

58
優格蘋果蛋糕

60
維多利亞蛋糕

62
成熟風味
法布魯頓黑李蛋糕

64
小豆蔻香蕉麵包

66
黑櫻桃麵包布丁

68
蜂蜜瑪德蓮

70
香料奶茶可麗露

72
史多倫麵包

Part 3
塔派

80
香蕉椰子塔

82
地瓜塔

84
香氣四溢的
香料蘋果派

86
孜然鹽味派皮餅乾

87
起司胡椒派皮餅乾

除了胡蘿蔔蛋糕和史多倫麵包等經典香料甜點之外，
在蛋糕捲、烤起司蛋糕或瑪德蓮等人氣甜點中
偷偷加入一些香料，也能創造出令人驚豔的美味。
此外還有充滿香料風味的飲品、果醬與抹醬，
出乎意料地契合、讓人欲罷不能的和風點心等等。
本書精選了48道點心食譜，
讓你不知不覺間成為香料魅力的俘虜。

香料的使用方法

香料有各種不同的形狀和狀態，市面上販售的有原形、種籽和粉狀。原形或種籽可以根據用途磨碎或切碎。接下來將說明作法。至於粉狀香料，則直接使用市售品即可。

直接使用

體積較大的香料需要慢慢地提引出香氣。體積較小的香料則是在口中咬碎時，香氣會更加擴散。

壓碎、磨碎、切碎

相較於直接使用，能提引出更強烈的香氣。使用方式有：研磨缽磨碎ⓐ、研磨器磨細ⓑ、菜刀切碎ⓒ、放入袋中以擀麵棍敲碎ⓓ。

保存方式

為了避免香氣散失，必須特別留意。以下介紹單種香料和綜合香料的保存方式。

· 單種香料
放入乾淨的密封式容器裡，再放入乾燥劑，置於陰涼處保存（照片右邊）。

· 綜合香料
放入蓋子能確實蓋緊的乾淨玻璃瓶中，置於陰涼處保存，並儘早使用完畢（照片左邊）。

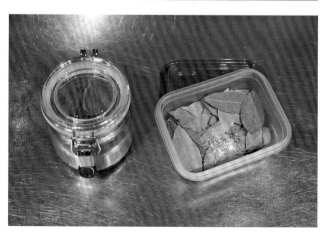

製作點心時能派上用場的
2種綜合香料

將2種以上的香料混合後，能消除香料各自特殊的強烈氣味，調和出更有深度的風味。這裡介紹的2種綜合香料是我個人原創的產品，讀取右側的QR code即可在網站上購買。如果想自己調配的話，可參考下方的配方製作。

想購買綜合香料AB
請掃描此QR code

綜合香料A

以肉桂為主基調，再加入清爽的薑以及能感受到甜甜香氣的肉豆蔻和丁香。不論是誰都可以接受的味道，能活用在甜點中且風味平衡絕佳。這款綜合香料很適合搭配乳製品和需要經過烘烤的點心。

綜合香料B

在基底的薑粉中加入充滿特色且香氣輕盈的小豆蔻，再加入氣息溫暖的肉桂與肉豆蔻來調和整體風味。比起綜合香料A，散發更強烈的清爽感。非常適合搭配檸檬、水果類或優格等帶有酸味的食材。

材料和作法　　方便製作的分量

肉桂粉 … 30g
薑粉 … 5g
肉豆蔻粉 … 5g
丁香粉 … 1g

將所有材料放進乾淨的玻璃瓶中混合（請參考p.8的「保存方式」）。

> **本書中使用此香料的點心食譜**
> 綜合莓果奶酥塔（p.14）
> 胡蘿蔔蛋糕（p.16）
> 杏仁奶油抹醬（p.42）
> 史多倫麵包（p.74）
> 香氣四溢的香料蘋果派（p.84）

材料和作法　　方便製作的分量

薑粉 … 20g
肉桂粉 … 10g
肉豆蔻粉 … 5g
小豆蔻粉 … 5g

將所有材料放進乾淨的玻璃瓶中混合（請參考p.8的「保存方式」）。

> **本書中使用此香料的點心食譜**
> 亞爾薩斯香料麵包（p.18）
> 葡萄乾核桃磅蛋糕（p.46）
> 可可奶酥咖啡蛋糕（p.54）

香料一覽

這裡向大家介紹本書中出現的香料。每種香料會根據用途而分別使用原
形、種籽或粉狀產品。另外，我採用的肉桂並非做成棒狀的一般市售肉
桂棒，而是未經加工、保持樹皮原狀的製品，但大家使用較容易買到的
肉桂棒也沒問題。

印度藏茴香籽
Ajowan

大茴香籽
Anise

多香果粒、多香果粉
Allspice

黑胡椒粒
Black pepper

葛縷子籽
Caraway

月桂葉
Laurel

小豆蔻粒、小豆蔻粉
Cardamon

藍罌粟籽
Blue Poppy

卡宴辣椒粉
Cayenne pepper

丁香粒、丁香粉
Clove

肉桂棒（也可使用肉桂樹皮）、肉桂粉
Cinnamon

胡荽籽、胡荽籽粉
Coriander

孜然籽
Cumin

薑粉
Ginger

山椒粉
Japanese pepper

甜茴香籽
Fennel

肉豆蔻粉
Nutmeg

香草莢
Vanilla Beans

八角粒
Star anis

花椒粒、花椒粉
Sichuan pepper

香料擁有非常不可思議的力量。
只要加在點心或飲品中，
由不同香料分別醞釀出的獨特香氣就會在口中擴散開來，
讓人驚喜且感動連連！

只用1種香料當然有其效果，
但運用多種香料搭配組合後，更能散發出讓內心滿足不已的滋味，實在妙不可言。

這正是為點心或飲品施加魔法的香料們。
首先，就在擺上綜合莓果奶酥塔、胡蘿蔔蛋糕、
亞爾薩斯香料麵包、香料奶茶、熱紅酒的餐桌上，
享受滿溢的香料風味吧！

相信大家一定會被這些香料深邃的風味深深吸引。
那麼，接下來要做哪款點心呢？

胡蘿蔔蛋糕
⇨ Recipe_p.16

綜合莓果奶酥塔
⇨ Recipe_p.14

2種香料茶
〈香料奶茶〉
⇨ Recipe_p.20

歡迎來到充滿香料香氣的甜點世界！

亞爾薩斯香料麵包
⇨ Recipe_p.18

熱紅酒
⇨ Recipe_p.20

綜合莓果奶酥塔

酸酸甜甜的莓果果汁在口中迸發開來。
莓果類和杏仁奶油餡的風味相輔相成且甜度適中。
充滿香料風味的一道塔派點心。

材料　直徑18cm的塔模1個份

〈塔皮麵團〉

A {
奶油 … 85g
糖粉 … 15g
黍砂糖 … 15g
鹽 … 1g
}

蛋液 … 25g

低筋麵粉 … 120g

杏仁粉 … 30g

〈杏仁奶油餡〉

奶油 … 50g

黍砂糖 … 50g

香草莢 … 1/4根

蛋液 … 50g

杏仁粉 … 50g

櫻桃利口酒 … 10g

〈奶酥麵團〉

低筋麵粉 … 50g

細砂糖 … 35g

綜合香料 A（請參考p.9）
　　　… 3g（2～5g）

奶油 … 35g

喜歡的莓果類 … 160g

＊可以使用冷凍莓果。使用冷凍莓果時，不需解凍
　直接加入。本食譜使用60g藍莓、50g冷凍蔓越
　莓、50g冷凍覆盆子。

事前準備

・將塔皮麵團和杏仁奶油餡用的奶油分別置
　於室溫軟化。

・將奶酥麵團用的奶油切成5mm的小丁
　後，放入冰箱冷藏。

・將香草莢縱向切開，用刀背刮取出香草籽
　放入容器中。加入指定分量的黍砂糖，用
　黍砂糖磨擦香草莢上殘留的香草籽後，再
　用手指刮取（請參考p.19❸／完成後取出
　香草莢）。

・將烤箱預熱至180℃。

作法

1. 〈塔皮麵團〉 在調理盆中放入**A**，用打蛋器混合攪拌，加入蛋液繼續攪拌。將低筋麵粉和杏仁粉一起篩入調理盆中，用刮板將麵團整體切拌混合。

2. 在平台上鋪保鮮膜，把**1**聚攏成一團後，置於保鮮膜上包起來，放進冰箱靜置休息3小時以上。

   ＊麵團在用保鮮膜緊密包裹的狀態下，冷藏可保存2天，冷凍則可保存2週。若冷凍保存，使用之前先置於冷藏室解凍。

3. 從冰箱取出麵團並放在平台上，用手揉成容易擀開的硬度。

   ＊剛從冰箱取出的麵團很硬且易碎，所以要先揉軟使其易於操作。但必須注意不要揉壓過度，否則麵團會變得太軟。

4. 用擀麵棍將麵團擀成直徑22cm的圓形，鋪進塔模裡。用手指確實地按壓底部和側面麵皮使其緊密貼合模具**ⓐ**。用擀麵棍滾過模具邊緣切除多餘的麵皮。蓋上保鮮膜後，放進冰箱休息30分鐘。

5. 〈杏仁奶油餡〉 在調理盆中放入奶油與事前準備的黍砂糖後，用打蛋器混合攪拌，加入蛋液後，再繼續攪拌。加入杏仁粉攪拌，最後加入櫻桃利口酒混合攪拌。

6. 〈奶酥麵團〉 將低筋麵粉、細砂糖、綜合香料Ⓐ一起篩入調理盆中，加入奶油。用手指邊將奶油搓碎邊讓奶油和粉類結合，再用手掌將整體搓成細碎鬆散的小顆粒。

   ＊夏天室溫較高時，將製作奶酥的所有材料放進冰箱冷藏後再操作，就能搓出漂亮的小顆粒。

7. 將**4**從冰箱中取出，放入**5**後鋪平。在上方排放莓果類**ⓑ6**並撒上**ⓒ**，放入預熱至180℃的烤箱中烘烤45分鐘。出爐後連同模具一起放在冷卻架上，待降至微溫後脫模。

「將奶油置於室溫軟化」

意指用手指輕壓奶油時，奶油會出現凹陷的狀態。由於室溫會隨著季節變化，因此軟化所需的時間也不一樣，但變成如照片所示就可以了。在本書中很常出現這個說法，所以請先熟記。

胡蘿蔔蛋糕

加入大量胡蘿蔔且以液體油為基底的健康系蛋糕。
蛋糕體散發出的香料香氣和奶油乳酪非常契合。

材料　直徑18cm的圓形蛋糕模具1個份

蛋液 … 80g
黍砂糖 … 60g
胡蘿蔔 … 180g
太白胡麻油 … 120g

A
┌ 低筋麵粉 … 135g
│ 綜合香料 A（請參考p.9）
│ 　… 5g（3〜6g）
│ 泡打粉 … 4g
│ 小蘇打粉 … 1g
└ 鹽 … 1g

胡桃 … 45g
核桃 … 45g
葡萄乾 … 70g
蘭姆酒 … 15g

〈奶油乳酪糖霜〉
奶油乳酪 … 100g
糖粉 … 50g
奶油 … 50g

事前準備

· 將胡蘿蔔磨成泥。
· 將核桃和胡桃放進預熱至170℃的烤箱中烘烤10〜12分鐘。烤好後分別大略切碎。
· 在耐高溫容器中放入葡萄乾和蘭姆酒混合，鬆鬆地包上保鮮膜。放入微波爐以500W加熱1分鐘，以包著保鮮膜的狀態放到降至微溫。
· 將奶油乳酪糖霜用的奶油，以及塗抹在模具上的少許奶油（額外分量）一起置於室溫軟化。
· 配合模具底部直徑裁剪烘焙紙並鋪入模具中。在模具內部側面塗上少許置於室溫軟化的奶油（額外分量）ⓐ，裁剪出長方形烘焙紙後貼在模具側面上。
· 將烤箱預熱至180℃。

作法

1. 在調理盆中放入蛋液和黍砂糖後，用打蛋器混合攪拌，加入胡蘿蔔泥和太白胡麻油後，繼續混合攪拌。

2. 將A一起篩入1中，用打蛋器攪打至看不見粉類殘留為止
＊ 攪拌過頭的話，麵糊會產生黏性，請多加留意。

3. 將胡桃、核桃、混合了蘭姆酒的葡萄乾連同酒液一起加入調理盆中，用橡皮刮刀混拌後，倒入模具中，放入預熱至180℃的烤箱中烘烤40分鐘。出爐後，用竹籤戳入蛋糕中央，如果沒有沾附麵糊就表示烤好了。將蛋糕連同模具一起放到冷卻架上，待降至微溫後脫模。
＊ 如果還未烤熟，請觀察蛋糕狀態並繼續烘烤10分鐘。
＊ 若用保鮮膜緊密包裹，可在室溫下保存約2天。

4. 〈奶油乳酪糖霜〉另取一調理盆放入奶油乳酪和糖粉，用打蛋器混合攪拌，加入奶油後再充分攪拌均勻

5. 將3放入器皿中，用湯匙舀取4並塗抹在蛋糕表面上。
＊ 如果抹上了奶油乳酪糖霜就必須在當天食用完畢。

ⓐ

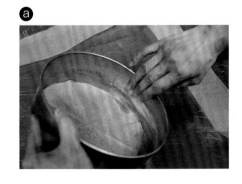

亞爾薩斯香料麵包

口感近似磅蛋糕的麵包。法文原文為「pain d'epices」，也就是香料麵包的意思。
放置2～3天後，質地會變得更加溼潤。也很推薦切片烘烤後品嚐。

材料　7×16.5×高6cm的磅蛋糕模具1個份

蛋液 … 40g
黍砂糖 … 80g
香草莢 … ½根
蜂蜜 … 100g
牛奶 … 100g

A
準高筋麵粉（法國麵包粉）
（使用「利斯朵」麵粉） … 140g
裸麥粉 … 40g
泡打粉 … 2g
小蘇打粉 … 1g
綜合香料 B（請參考p.9）
… 10g（8～15g）

事前準備

・將香草莢縱向切開，用刀背刮取出香草籽
　放入容器中。加入指定分量的黍砂糖，用
　黍砂糖磨擦香草莢上殘留的香草籽後，再
　用手指刮取 **ⓐ**（完成後取出香草莢）。
・蜂將蜂蜜和牛奶混合，加熱至約40℃。
・在模具中鋪入烘焙紙 **ⓑ**。
・將烤箱預熱至180℃。

作法

1. 在調理盆中放入蛋液和事前準備的黍砂糖，用打蛋器混合攪拌。

2. 將溫熱的蜂蜜和牛奶加入調理盆中混合攪拌，將**A**一起篩入調理盆中 **ⓒ**，攪拌至看不見粉類殘留為止。
　＊攪拌過頭的話，麵糊會產生黏性，請多加留意。

3. 將麵糊倒入模具中，放入180℃的烤箱烘烤20分鐘。暫時取出並用刀子在表面劃出一道直線切口。

4. 放入降溫至170℃的烤箱繼續烘烤15分鐘。出爐後，用竹籤戳入中心，如果沒有沾附麵糊就表示烤好了 **ⓓ**。連同模具一起放到冷卻架上，待降至微溫後脫模。
　＊如果還未烤熟，請觀察蛋糕狀態並繼續烘烤10分鐘。
　＊若用保鮮膜緊密包裹，可在室溫下保存約1週。經過2～3天後，質地會變得更加溼潤。

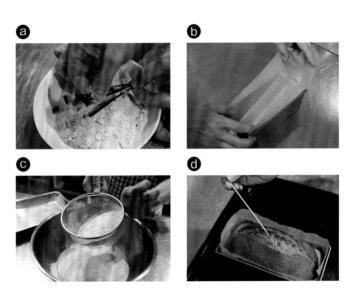

2種香料茶

入口瞬間就能感受到香料的香氣擴散開來，簡直讓人上癮。
可依喜好調整黍砂糖的分量。也很推薦以蜂蜜取代黍砂糖或加入蘭姆酒。

材料與沖泡方式 皆為1人份

〈香料奶茶〉
在小鍋中放入10g香料茶用綜合香料（請參考下方材料表）和80g的水，
開小火加熱。稍微沸騰時，加入250g的牛奶，再次煮沸後關火。加
入10g黍砂糖後，用湯匙攪拌，用茶篩過濾到杯中。

〈香料茶〉
在茶壺中放入5g香料茶用綜合香料（請參考下方材料表），依比例加入
300g熱水，燜煮香料約5分鐘。用茶篩過濾到杯中。

香料茶用綜合香料的材料與作法　約100g的分量

小豆蔻粒 … 5g
肉桂棒 … 1根（5g）
月桂葉 … 2g（約12片）
大茴香籽 … 6g
薑粉 … 3g
丁香粒 … 5g
錫蘭紅茶葉 … 50g
伯爵茶葉 … 25g

將小豆蔻粒放入較厚的塑膠
袋中，用擀麵棍大略敲碎。
肉桂棒先用手折斷後，再和
小豆蔻粒一樣敲碎。將月桂
葉用手撕成約5mm的小
片。連同剩下的其他材料一
起放入乾淨的容器中混合。
放在陰涼乾燥處可於室溫下
保存3個月。

熱紅酒

想來杯口感獨特的紅酒嗎？
嚐嚐這款與熟悉的風味略微不同的紅酒，
讓身體從內部暖和起來。

材料 2～3人份

紅酒 … 200g
柳橙汁 … 100g
丁香粒 … 4粒
肉桂棒 … 1根（5g）
月桂葉 … 1片
黍砂糖 … 10g

作法

在小鍋中放入黍砂糖以外的
所有材料，開小火加熱。煮
至沸騰後關火，加入黍砂糖
後用湯匙攪拌，倒入杯中。

Part 1

餅乾&司康餅

品嚐餅乾或司康餅時，通常是享受其脆硬或酥鬆的口感，但本章節製作的餅乾或司康餅會在入口瞬間感受到香料的香氣擴散開來，讓人驚喜不已。請好好享受這些隱藏在平凡外觀下的驚奇美味。

Cookie & Scone

多香果沙布蕾餅乾
⇨ Recipe_p.25

薑粉沙布蕾餅乾
⇨ Recipe_p.24

2種沙布蕾餅乾

2
種
擠
花
餅
乾

檸檬＆小豆蔻餅乾
⇨ Recipe_p.26

伯爵茶＆白巧克力餅乾
⇨ Recipe_p.27

薑粉沙布蕾餅乾

讓人感到愉悅的酥脆口感。
薑的香氣令人回味無窮。

材料　邊長4cm的方形沙布蕾餅乾約35片份

低筋麵粉 … 90g
杏仁粉 … 45g
A　黍砂糖 … 40g
鹽 … 1g
薑粉 … 4g（3～6g）
奶油 … 80g
蛋白 … 8g

事前準備

・將奶油切成1cm的塊狀後，放進冰箱冷藏。
・將蛋白打散備用。
・在烤盤上鋪矽膠烘焙墊（烘焙紙亦可）。
・將烤箱預熱至170℃。

作法

1. 將A一起篩入調理盆中。加入奶油，用手指邊將奶油搓碎邊讓奶油和粉類結合ⓐ，再用手掌將整體搓細至變成細碎鬆散的小顆粒。

   ＊夏天室溫較高時可以用食物理機操作，奶油比較不會融化，能做出酥脆且充滿香氣的麵團。

2. 加入蛋白，用刮板將整體切拌混合整成一團。

3. 在平台上鋪烘焙紙（邊長約40cm），放上2的麵團並覆蓋保鮮膜，在兩側放置3mm的厚度平衡尺後，用擀麵棍將麵團擀開ⓑ。將麵團連同底下的烘焙紙一起移到烤盤上（砧板亦可），放進冰箱休息1小時。

   ＊在這個狀態下冷藏可保存1天。但為了避免麵團吸收冰箱中其他食材的味道或變得乾燥，必須用保鮮膜緊密包好。
   ＊平台（或烤盤、砧板）等空間較小時，可將2分成兩等分，分次擀平會比較好操作。

4. 將3從冰箱中取出，撕下上方蓋著的保鮮膜，用餅乾模具在麵團上壓出形狀，將壓好的麵團排放到烤盤上。

5. 放入預熱至170℃的烤箱中烘烤12～15分鐘。出爐後連同烤盤一起放到冷卻架上放涼。

ⓐ

ⓑ

多香果沙布蕾餅乾

餅乾在口中慢慢散開時，
香料的香氣也擴散開來。

材料　直徑4.5cm的沙布蕾餅乾約40片份

A
低筋麵粉 … 90g
杏仁粉 … 45g
黍砂糖 … 40g
鹽 … 1g
多香果粉
　… 2g（1～4g）

奶油 … 80g
蛋白 … 8g

事前準備

· 將奶油切成1cm的塊狀後，放進冰箱冷藏。
· 將蛋白打散備用。
· 在烤盤上鋪矽膠烘焙墊（烘焙紙亦可）。
· 將烤箱預熱至170℃。

作法

1. 將A一起篩入調理盆中。加入奶油，用手指邊將奶油搓碎邊讓奶油和粉類結合（請參考p.24ⓐ），再用手掌將整體搓細至變成細碎鬆散的小顆粒。
   ＊ 夏天室溫較高時可以用食物調理機操作，奶油比較不會融化，能做出酥脆且充滿香氣的麵團。

2. 加入蛋白，用刮板將整體切拌混合整成一團。

3. 在平台上鋪烘焙紙（邊長約40cm），放上2的麵團並覆蓋保鮮膜，在兩側放置3mm的厚度平衡尺後，用擀麵棍將麵團擀開（請參考p.24ⓑ）。將麵團連同底下的烘焙紙一起移到烤盤上（砧板亦可），放進冰箱休息1小時。
   ＊ 在這個狀態下冷藏可保存1天。但為了避免麵團吸收冰箱中其他食材的味道或變得乾燥，必須用保鮮膜緊密包好。
   ＊ 平台（或烤盤、砧板）等空間較小時，可將2分成兩等分，分次擀平會比較好操作

4. 將3從冰箱中取出，撕下上方覆蓋的保鮮膜，用餅乾模具在麵團上壓出形狀，將壓好的麵團排放到烤盤上。

5. 放入預熱至170℃的烤箱中烘烤12～15分鐘。出爐後連同烤盤一起放到冷卻架上放涼。

檸檬 & 小豆蔻餅乾

擁有輕盈口感與清新檸檬風味。
因為非常清爽,感覺不論幾個都吃得下。

材料　4×3cm的餅乾約15片份

奶油 … 100g
鹽 … 1g
糖粉 … 50g
蛋液 … 20g
檸檬 … ½個
小豆蔻粉 … 3g(2～5g)
低筋麵粉 … 110g

事前準備

・將奶油置於室溫軟化。
・將檸檬皮黃色的部分磨碎。
・在擠花袋中裝入8齒星形花嘴ⓐ。
・在烤盤上鋪矽膠烘焙墊(烘焙紙亦可)。
・將烤箱預熱至170℃。

作法

1. 在調理盆中放入奶油、鹽、糖粉,用橡皮刮刀混合攪拌。

2. 加入蛋液、磨碎的檸檬皮、小豆蔻粉,用打蛋器混合攪拌。

3. 篩入低筋麵粉後,用橡皮刮刀混合攪拌,將麵糊填入擠花袋中。

4. 在烤盤上擠出4×3cm大小的波浪狀ⓑ,放進預熱至170℃的烤箱中烘烤15分鐘。出爐後,連同烤盤一起放到冷卻架上放涼。

ⓐ

ⓑ

伯爵茶&白巧克力餅乾

以充滿甜味的白巧克力來調和
薑和肉桂的獨特風味。

材料　4×4cm的餅乾約20片份

奶油 … 100g
鹽 … 1g
糖粉 … 50g
蛋液 … 20g
伯爵茶葉 … 6g

A ┌ 低筋麵粉 … 110g
　│ 肉桂粉 … 1g（1小撮～2g）
　└ 薑粉 … 3g（2～4g）

白巧克力 … 70g

事前準備

・將奶油置於室溫軟化。
・用研磨機將伯爵茶葉磨至細碎。
・在擠花袋中裝入8齒星形花嘴（請參考p.26）。
・在烤盤上鋪矽膠烘焙墊（烘焙紙亦可）。
・將烤箱預熱至170℃。

作法

1. 在調理盆中放入奶油、鹽、糖粉，用橡皮刮刀混合攪拌。

2. 加入蛋液、磨碎的伯爵茶葉，用打蛋器混合攪拌。

3. 將A一起篩入調理盆中，用橡皮刮刀混合攪拌，將麵糊填入擠花袋中。

4. 在烤盤上擠出4×4cm大小的U字形，放進預熱至170℃的烤箱中烘烤15～18分鐘。出爐後，連同烤盤一起放到冷卻架上放涼。

5. 在調理盆中放入白巧克力後，隔水加熱融化。用橡皮刮刀攪拌至整體均勻化開，以餅乾前端沾裹白巧克力，然後排放在烘焙紙上，放進冰箱冷藏約20分鐘，讓白巧克力凝固。

巧克力夾心餅乾

外觀圓滾滾、造型很可愛的一款餅乾。
吃一口就能感受到大茴香的香氣擴散開來。

材料　直徑略大於2cm的夾心餅乾18個份

```
  ┌ 低筋麵粉 … 40g
  │ 可可粉 … 10g
A │ 杏仁粉 … 50g
  │ 黍砂糖 … 15g
  └ 糖粉 … 15g
奶油 … 50g
大茴香籽 … 2g（1～4g）
苦甜巧克力 … 20g
```

事前準備

・將奶油切成1cm的塊狀後，放進冰箱冷藏。
・將苦甜巧克力切碎。
・在烤盤上鋪矽膠烘焙墊（烘焙紙亦可）。
・將烤箱預熱至160℃。

作法

1. 將A一起篩入調理盆中。加入奶油和大茴香籽ⓐ。用手指邊將奶油搓碎邊讓奶油和粉類結合，用手揉壓約10次，做出柔軟平滑的麵團。

2. 將1秤重並分成每份5g（可做出36個），分別將麵團整成圓形。排放在淺盤上，蓋上保鮮膜後放入冰箱，讓麵團休息1小時以上。

3. 將2從冰箱中取出後，排放到烤盤上，放入預熱至160℃的烤箱烘烤15～18分鐘。出爐後，連同烤盤一起放到冷卻架上放涼。

4. 在較小的調理盆中放入一半的苦甜巧克力，隔水加熱使巧克力融化ⓑ。待整體均勻化開後，將調理盆移離熱水，加入剩下的巧克力，用橡皮刮刀快速攪拌使其融化。

5. 將3取2個為一組，在其中1個餅乾的平坦面上塗抹少量的4（約1g），然後疊上另1個做成夾心餅乾。剩下的餅乾也以同樣方式操作，做好後先暫時放在冷卻架上，直到巧克力完全凝固為止。

ⓐ

ⓑ

材料　直徑3cm的餅乾約20片份

A
- 奶油 … 65g
- 黍砂糖 … 25g
- 糖粉 … 25g
- 鹽 … 1g

即溶咖啡粉 … 2g
溫水 … 3g
蛋液 … 20g
低筋麵粉 … 130g
丁香粉 … 2g（1～3g）
粗糖粒（或細砂糖）… 30g

事前準備

・將奶油置於室溫軟化。
・將即溶咖啡粉用指定分量的溫水化開，加入蛋液混合
　攪拌。
・在烤盤上鋪矽膠烘焙墊（烘焙紙亦可）。
・將烤箱預熱至170℃。

丁香咖啡餅乾

粗糖粒脆硬的口感為餅乾增添韻味。
能充分感受到丁香風味的一款餅乾。

作法

1. 將**A**放入調理盆中，用橡皮刮刀混合攪拌。

2. 將混合了即溶咖啡粉的蛋液加入調理盆中，用打蛋器混合攪拌。

3. 將低筋麵粉和丁香粉一起篩入調理盆中，用橡皮刮刀混合攪拌。

4. 取出麵團放到平台上，包上保鮮膜並用手滾動，滾成直徑3×23cm長的圓棒狀，放進冰箱休息1小時以上。

5. 在淺盤上鋪撒粗糖粒。將**4**從冰箱中取出並撕除保鮮膜，放在淺盤中滾動，讓麵團表面裹上粗糖粒❷。將麵團切成各1cm厚的圓片❸，放到烤盤上。

6. 放入預熱至170℃的烤箱烘烤20～23分鐘。出爐後，連同烤盤一起放到冷卻架上放涼。

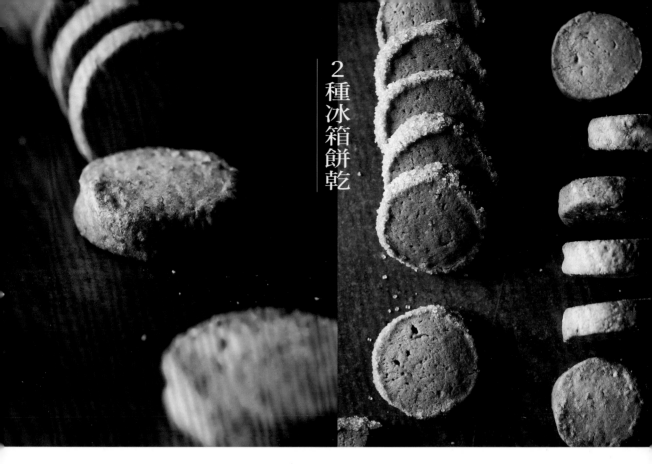

2
種
冰
箱
餅
乾

花椒風味鹹餅乾

起司的香氣撲鼻而來，
花椒的風味則在口中彌漫。

材料　直徑3cm的餅乾約20片份

A
- 奶油 … 65g
- 黍砂糖 … 15g
- 糖粉 … 15g
- 鹽 … 2g

蛋液 … 20g
低筋麵粉 … 130g
花椒粉 … 3g（2～5g）
焙煎白芝麻 … 20g
艾登起司 … 20g

事前準備

· 將奶油置於室溫軟化。
· 將艾登起司用起司刨刀磨碎 。
· 在烤盤上鋪矽膠烘焙墊（烘焙紙亦可）。
· 將烤箱預熱至170℃。

作法

1. 將A放入調理盆，用橡皮刮刀拌混。

2. 將蛋液加入調理盆，用打蛋器拌混。

3. 將低筋麵粉和花椒粉一起篩入調理盆中，用橡皮刮刀混合攪拌。加入焙煎白芝麻和艾登起司後再攪拌。

4. 取出麵團放到平台上，包上保鮮膜並用手滾動，滾成直徑3×23cm長的圓棒狀，放進冰箱休息1小時以上。

5. 將麵團從冰箱中取出，撕除保鮮膜，切成各1cm厚的圓片放到烤盤上。

6. 放入預熱至170℃的烤箱烘烤20～23分鐘。出爐後，連同烤盤一起放到冷卻架上放涼。

義大利脆餅

因為烘烤兩次，所以呈現出扎實的口感。
散發著香料香氣的新式義大利脆餅。

材料　長10×厚1cm的義大利脆餅約20個份

蛋液 … 50g
黍砂糖 … 50g
太白胡麻油 … 15g

A
- 低筋麵粉 … 120g
- 鹽 … 1g
- 泡打粉 … 3g
- 肉桂粉 … 3g（2〜5g）
- 肉豆蔻粉 … 1.5g（1小撮〜3g）

開心果 … 40g（淨重）
＊若是帶殼必須先去殼。
白巧克力豆 … 60g

事前準備

・在烤盤上鋪烘焙紙。
・將烤箱預熱至180℃。

作法

1. 在調理盆中放入蛋液和黍砂糖，用打蛋器混合攪拌。加入太白胡麻油並充分攪拌。

2. 將A一起篩入調理盆中，加入開心果和白巧克力豆，用橡皮刮刀攪拌至看不見粉類殘留為止。

3. 將麵團放到烤盤上。因為麵團容易黏手，可以先在手上抹少許太白胡麻油（額外分量），用手將麵團整成10×24cm、如海參般的半圓筒狀 。

4. 放入預熱至180℃的烤箱烘烤15分鐘，取出後，連同烤盤一起放到冷卻架上放涼約1小時。
   ＊進行步驟5前，先將烤箱預熱至160℃。

5. 將麵團移到砧板上，沿著長邊切出1cm的厚片，將麵團的切面朝上排放到烤盤中 。

6. 放入160℃的烤箱烘烤30分鐘，出爐後，連同烤盤一起放到冷卻架上放涼。

培根切達起司黑胡椒司康餅
⇨ Recipe_p.36

藍莓司康餅
⇨ Recipe_p.37

南瓜奶油乳酪司康餅
⇨ Recipe_p.38

3種司康餅

培根切達起司
黑胡椒司康餅

培根與起司在口中融合，
越嚼越能感受到滿滿的鮮味。

材料　8個份

A
- 低筋麵粉 … 220g
- 全麥粉（甜點用）… 30g
- 黍砂糖 … 20g
- 鹽 … 3g
- 泡打粉 … 3g
- 小蘇打粉 … 3g

奶油 … 60g
黑胡椒粒 … 4g（2～6g）
塊狀培根 … 70g
切達起司 … 70g
原味優格 … 120g

事前準備

・將奶油切成1cm的塊狀後，放進冰箱冷藏。
・將黑胡椒粒用研磨器（研磨缽亦可）磨碎。
・將培根切成5mm的小丁ⓐ右，切達起司切成1cm的塊狀ⓐ左。
・在烤盤上鋪矽膠烘焙墊（烘焙紙亦可）。
・將烤箱預熱至180℃。

作法

1. 將A一起篩入調理盆中。

2. 加入奶油，用手指邊將奶油搓碎邊讓奶油和粉類結合。再用手掌將整體搓成細碎鬆散的小顆粒。

3. 加入黑胡椒、培根、切達起司後，用手大略混拌一下，加入原味優格，用橡皮刮刀將整體切拌混合至看不見粉類殘留為止。
   ＊在切拌混合時，要留意別將培根和起司切得太小塊。

4. 將3的調理盆放到電子秤上後，將數字歸零，用湯匙取出約75g的麵團放到事前準備的烤盤上。再次將電子秤的數字歸零，再取約75g的麵團放到烤盤上（請參考p.38ⓑ）。重複操作這個步驟，邊微調麵團大小至盡量一致，邊在烤盤上放上共8個麵團，最後用手將麵團整圓。

5. 放入預熱至180℃的烤箱烘烤20～23分鐘，出爐後，連同烤盤一起放到冷卻架上放涼。

ⓐ

藍莓司康餅

關鍵在於混合時必須避免將藍莓壓碎。
品嚐過後，花椒的香氣會隨之而來。

材料 8個份

A
- 低筋麵粉 … 250g
- 黍砂糖 … 40g
- 鹽 … 3g
- 泡打粉 … 3g
- 小蘇打粉 … 3g

奶油 … 70g
藍莓 … 120g
花椒粒 … 2g（1〜3g）
原味優格 … 120g

事前準備

- 將奶油切成1cm的塊狀後，放進冰箱冷藏。
- 將花椒粒用研磨缽磨碎（研磨器亦可）。
- 在烤盤上鋪矽膠烘焙墊（烘焙紙亦可）。
- 將烤箱預熱至180℃。

作法

1. 將A一起篩入調理盆中。

2. 加入奶油，用手指邊將奶油搓碎邊讓奶油和粉類結合。再用手掌將整體搓成細碎鬆散的小顆粒。

3. 加入藍莓和花椒後 用手大略混拌一下，加入原味優格，用橡皮刮刀將整體切拌混合至看不見粉類殘留為止。

   ＊ 在切拌混合時，要留意別將藍莓切碎。

4. 將3的調理盆放到電子秤上後，將數字歸零，用湯匙取出約75g的麵團放到事前準備的烤盤上。再次將電子秤的數字歸零，再取約75g的麵團放到烤盤上（請參考p.38b）。重複操作這個步驟，邊微調麵團大小至盡量一致，邊在烤盤上放上共8個麵團，最後用手將麵團整圓。

5. 放入預熱至180℃的烤箱烘烤20〜23分鐘，出爐後，連同烤盤一起放到冷卻架上放涼。

南瓜奶油乳酪司康餅

鬆鬆軟軟又方便入口的司康餅。
加了南瓜和奶油乳酪，讓風味更有深度。

材料　10個份

	低筋麵粉 … 250g	
	黍砂糖 … 40g	
	鹽 … 3g	
A	泡打粉 … 3g	
	小蘇打粉 … 3g	
	肉桂粉 … 3g（2～4g）	
	多香果粉 … 1g（1小撮～2g）	

奶油 … 70g
南瓜 … 160g
奶油乳酪 … 100g
原味優格 … 120g

事前準備

- 將奶油切成1cm的塊狀後，放進冰箱冷藏。
- 將南瓜放入耐高溫容器中，鬆鬆地包上保鮮膜，以500W的微波爐加熱至能用竹籤輕鬆戳穿的程度（約3分鐘）。稍微放涼後，切成1cm的丁狀。
- 將奶油乳酪切成1cm的丁狀。
- 在烤盤上鋪矽膠烘焙墊（烘焙紙亦可）。
- 將烤箱預熱至180℃。

作法

1. 將A一起篩入調理盆中。

2. 加入奶油，用手指邊將奶油搓碎邊讓奶油和粉類結合。再用手掌將整體搓成細碎鬆散的小顆粒。。

3. 加入南瓜和奶油乳酪後，用手大略混拌一下，加入原味優格❹，用橡皮刮刀將整體切拌混合至看不見粉類殘留為止❺。

4. 將3的調理盆放到電子秤上後，將數字歸零，用湯匙取出約75g的麵團放到事前準備的烤盤上。再次將電子秤的數字歸零，再取約75g的麵團放到烤盤上。重複操作這個步驟，邊微調麵團大小至盡量一致，邊在烤盤上放上共8個麵團，最後用手將麵團整圓。

5. 放入預熱至180℃的烤箱烘烤20～23分鐘，出爐後，連同烤盤一起放到冷卻架上放涼。

想為日常料理添加些許香料風味時
香料果醬和抹醬是個方便的選擇。
可以提前一次做好多種備用，靈活應用在料理中。

香料果醬＆香料抹醬

Column #1

奇異果果醬

小豆蔻籽酥脆的口感和咀嚼時的清爽香氣
形成讓人上癮的美味。適合搭配優格或吐司享用，
也可以當作煎烤豬肉的醬汁。

材料　完成的分量約300g

奇異果 … 200g（淨重）
細砂糖 … 120g
香草莢 … 1/4根
小豆蔻籽 … 2g（淨重）
檸檬果汁 … 20g

事前準備

・將香草莢縱向切開，用刀背刮取出香草籽放入容器
　中。加入指定分量的細砂糖，用細砂糖磨擦香草莢上
　殘留的香草籽後，再用手指刮取（請參考p.19ⓐ／完成後
　取出香草莢）。
・剝除小豆蔻的外皮取出種籽，準備2g。

覆盆子果醬

非常適合搭配巧克力甜點！
除了巧克力蛋糕、起司蛋糕之外，
也很推薦用來製作牛排或烤牛肉等料理的醬汁。

材料　完成的分量約400g

覆盆子 … 250g
細砂糖 … 150g
丁香粒 … 5g
月桂葉 … 1片
肉桂棒 … 1根（5g）
檸檬果汁 … 20g

作法

1. 將奇異果切成1cm的丁狀，放入較厚的鍋中。加
   入事前準備的細砂糖、香草莢、小豆蔻籽，用橡
   皮刮刀混拌後，靜置1小時。

2. 開中火加熱，細砂糖溶解沸騰後，取出香草莢，
   再繼續熬煮5分鐘。如果有浮沫的話要撈除。

3. 加入檸檬汁後，將鍋子離火，將果醬放入用沸水
   消毒過的保存用玻璃罐中，蓋緊瓶蓋。靜置冷
   卻。放進冰箱冷藏可以保存1個月。

作法

1. 將檸檬汁以外的所有材料放入較厚的鍋中，用橡
   皮刮刀混拌後，靜置1小時。

2. 開中火加熱，細砂糖溶解沸騰後，再繼續熬煮
   10分鐘。如果有浮沫的話要撈除。

3. 加入檸檬汁後，將鍋子離火，將果醬放入用沸水
   消毒過的保存用玻璃罐中，蓋緊瓶蓋。靜置冷
   卻。放進冰箱冷藏可以保存1個月。

大茴香鹽味
焦糖抹醬

特色是充滿大茴香的香氣與帶有鹹味的焦糖醬。
澆淋在香草冰淇淋上或當作鬆餅的糖漿都很美味。

材料　完成的分量約380g

鮮奶油 … 200g
八角粒 … 2個
細砂糖 … 200g
鹽 … 2g

作法

1. 在小鍋中放入鮮奶油和八角，用小火加熱至即將沸騰。將鍋子離火後，蓋上鍋蓋靜置約15分鐘。

2. 取另一個小鍋，放入30g的水和細砂糖，開中火加熱。待鍋邊開始變成褐色時，轉為小火並輕輕搖動鍋子，讓糖液呈現均勻的焦糖色。鍋中材料變為深褐色後，關火並加入**1**。

＊加入1時焦糖會噴濺，請戴上較厚的橡膠手套再操作。

3. 再次放回爐上，開小火加熱並以橡皮刮刀攪拌，讓糖液和鮮奶油均勻融合。加入鹽並混合攪拌，煮好後，倒入用沸水消毒過的保存用玻璃罐中，蓋緊瓶蓋。靜置冷卻。放進冰箱冷藏可以保存1個月。

杏仁奶油抹醬

除了可以當吐司抹醬，還能搭配覆盆子果醬
做成三明治，或塗在長棍麵包上並疊放生火腿，
享用法式開放三明治。

材料　完成的分量約300g

杏仁 … 150g
奶油 … 100g
鹽 … 2g
黍砂糖 … 60g
綜合香料Ⓐ（請參考p.9）… 5g（3～6g）

作法

1. 將杏仁放進預熱至170℃的烤箱烘烤15～20分鐘，出爐後，移到淺盤中攤開放涼。

2. 將**1**放進食物調理機中攪打成糊狀。加入剩下的所有材料，繼續攪打至均勻為止。放進用沸水消毒過的保存用玻璃罐中，蓋緊瓶蓋。放進冰箱冷藏可以保存2週。

香料加熱後，香氣會更加濃郁。將香料加入
麵糊中烘烤，或放入糖漿中熬煮，能讓整道
料理彌漫香料的香氣。建議先嘗試深受大眾
喜愛的蛋糕捲或磅蛋糕。

Cakes

肉豆蔻咖啡
蛋糕捲

肉豆蔻風味的鬆軟海綿蛋糕和
咖啡鮮奶油霜是絕配。
輕盈的口感讓人回味無窮。

材料　27cm的方形蛋糕捲烤盤1個份

〈咖啡鮮奶油霜〉

鮮奶油 … 75g

白巧克力 … 25g

A ┌ 即溶咖啡粉 … 3g
　└ 卡魯哇咖啡酒 … 5g

〈海綿蛋糕〉

蛋黃 … 90g

蛋白 … 150g

黍砂糖 … 25g＋50g

B ┌ 低筋麵粉 … 38g
　└ 肉豆蔻粉 … 2g（1～3g）

奶油 … 38g

事前準備

・將蛋黃和蛋白分別打散成蛋液備用。

・將奶油隔水加熱融化。

・將白巧克力切成粗末。將A混合攪拌備用。

・在烤盤上鋪烘焙紙 ⓐ。

・將烤箱預熱至200℃。

作法

1. 〈咖啡鮮奶油霜〉在小鍋中放入鮮奶油，用小火加熱至即將沸騰時，離火並加入白巧克力，用橡皮刮刀混合攪拌。加入事前準備的A，混合攪拌至整體均勻，在鍋子底下墊著冰水急速冷卻。充分冷卻後，用網篩將鍋中液體過濾入調理盆中，包上保鮮膜並放入冰箱冷藏。

2. 〈海綿蛋糕〉在調理盆中放入蛋黃和25g黍砂糖，用手持式電動攪拌器以高速攪打至呈淺黃色且質地變得濃稠厚重為止 ⓑ。

3. 另取一個調理盆，放入蛋白和50g黍砂糖，用手持式電動攪拌器以高速打發至可拉出挺立的尖角 ⓒ。

4. 將3等量分成兩次加到2裡，每次加入後都要用打蛋器以切拌的方式混合。

5. 將B一起篩入調理盆中，用橡皮刮刀切拌混合至看不見粉類殘留，將融化的奶油繞圈淋入。從調理盆底部將麵糊舀起，切拌混合均勻。

6. 將麵糊倒入烤盤中，用刮板將麵糊調整成厚度一致。放入預熱至200℃的烤箱烘烤11～13分鐘，出爐後，連同烤盤一起放到冷卻架上放涼。為了避免蛋糕體變乾，請裁剪一張比烤盤略大的烘焙紙輕輕蓋上。

7. 將6覆蓋蛋糕體的烘焙紙鋪在平台上，脫模後，把烤上色的那面朝下放上去，撕除蛋糕體底部的烘焙紙。

8. 將1從冰箱中取出，在調理盆底部墊著冰水，用手持式電動攪拌器以高速攪打至8分發（可拉出前端稍微彎曲的尖角），用橡皮刮刀均勻抹在7上。

9. 將靠近身體這側的烘培紙往上提，並將蛋糕體往另一端捲起，捲好後，將收口朝下，用烘焙紙包裹。再包上一層鋁箔紙，放進冰箱靜置3～8小時。

＊ 可以直接冷藏保存至隔天。切開後請馬上食用。

ⓐ
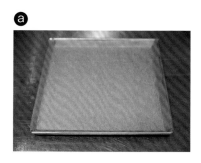

ⓑ

ⓒ

葡萄乾核桃磅蛋糕

鬆軟蛋糕體為其特色的磅蛋糕。
能同時品味香氣四溢的蘭姆酒與香料帶來的獨特風味。

材料　7×16.5×高6cm的磅蛋糕模具1個份

奶油 … 90g

黍砂糖 … 100g

蛋液 … 100g

A ┌ 杏仁粉 … 30g
　├ 低筋麵粉 … 90g
　├ 綜合香料 B（請參考p.9）
　│　 … 8g（5～10g）
　└ 泡打粉 … 3g

核桃 … 35g

葡萄乾 … 100g

蘭姆酒 … 30g

事前準備

・在耐高溫容器中放入葡萄乾和蘭姆酒混
　合，鬆鬆地包上保鮮膜。放入微波爐以
　500W加熱90秒，以包著保鮮膜的狀態放
　到降至微溫。
・將奶油置於室溫軟化。
・將核桃放進預熱至170℃的烤箱中烘烤12
　分鐘。烤好後大略切碎。
・在模具中鋪入烘焙紙 @。
・將烤箱預熱至180℃。

作法

1. 在調理盆中放入奶油，用打蛋器攪拌開來。加入黍砂糖後繼續
攪拌至奶油變得蓬鬆且泛白為止。

2. 將蛋液分成3次加入調理盆中，每次加入時都要用打蛋器充分
拌勻。將A一起篩入，用橡皮刮刀從調理盆底部舀起麵糊，大
幅度翻拌至看不見粉類殘留 ⓑ。

3. 將核桃、混合了蘭姆酒的葡萄乾連同酒液一起加入調理盆中，
用橡皮刮刀將麵糊整體充分攪拌均勻後倒入模具中。

4. 放入預熱至180℃的烤箱烘烤40分鐘。出爐後，用竹籤戳入蛋
糕中央，如果沒有沾附麵糊就表示烤好了。連同模具一起放到
冷卻架上，待降至微溫後脫模。

　＊ 如果還未烤熟，請觀察蛋糕狀態並繼續烘烤10分鐘。

　＊ 若用保鮮膜緊密包裹，可在室溫下保存約1週。放置2～3天後，蛋糕質
　　地會變得更加溼潤。

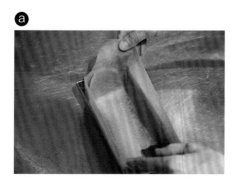

檸檬罌粟籽磅蛋糕

這款蛋糕使用了大量罌粟籽做出輕脆的口感。
胡荽籽和薑則令風味增添層次。

材料　7×16.5×高6cm的磅蛋糕模具1個份

奶油 … 135g
上白糖 … 130g
鹽 … 1g
蛋液 … 120g
A ⎰ 低筋麵粉 … 100g
   ⎪ 杏仁粉 … 35g
   ⎨ 泡打粉 … 3g
   ⎪ 胡荽籽粉 … 3g（1～5g）
   ⎩ 薑粉 … 5g（2～6g）
藍罌粟籽 … 20g
檸檬 … 1個

〈糖霜〉
糖粉 … 40g
檸檬果汁 … 8g

事前準備

・將奶油置於室溫軟化。
・將檸檬皮黃色的部分磨碎，橫向切成一半
　後榨出果汁。從果汁中取8g製作糖霜，
　剩下的檸檬汁調整分量至20～25g，用於
　製作蛋糕麵糊（若剩下的果汁少於20g，須追加
　檸檬汁補足）。
・在模具中鋪入烘焙紙。
・將烤箱預熱至180℃。

作法

1. 在調理盆中放入奶油後，以打蛋器混合攪拌。加入上白糖和鹽，繼續充分攪拌至奶油變得蓬鬆且泛白為止。

2. 將蛋液分成3次加入調理盆中，每次加入時都要用打蛋器充分拌勻。將A一起篩入，用橡皮刮刀從調理盆底部舀起麵糊，大幅度翻拌至看不見粉類殘留。

3. 加入藍罌粟籽ⓐ、磨碎的檸檬皮屑、檸檬汁，用橡皮刮刀將整體麵糊充分攪拌，倒入模具中。

4. 放入預熱至180℃的烤箱中烘烤40分鐘。出爐後，用竹籤戳入蛋糕中央，如果沒有沾附麵糊就表示烤好了。連同模具一起放到冷卻架上，待降至微溫後脫模。

＊ 如果還未烤熟，請觀察蛋糕狀態並繼續烘烤10分鐘。

5. 〈糖霜〉在調理盆中放入糖粉和5g的檸檬汁，用較小型的打蛋器充分混合攪拌。將剩下的檸檬汁分成多次、每次加入1g，將糖霜調整至用湯匙舀起時會緩慢滴落的稠度。用湯匙將糖霜淋在 **4** 上，放置約1小時讓糖霜乾燥。

＊ 若放入密封容器，可冷藏保存約1週。完成後放置2～3天，蛋糕質地會變得更加溼潤。

ⓐ

丁香柳橙蛋糕

帶有濃郁香甜氣味的丁香和
清爽且微苦的柳橙是絕佳組合。
夏天建議放入冰箱冷藏後再品嚐。

材料　直徑18cm的圓形有底模具1個份

柳橙 … 1個

〈糖煮柳橙〉
柳橙（切成厚3mm的扇形片）… 1/2個份
丁香粒 … 4粒
細砂糖 … 50g
水 … 150g

〈完成用糖漿〉
杏桃果醬 … 80g
杏仁利口酒 … 80g
鮮榨柳橙汁 … 1/2個份

〈蛋糕麵糊〉
A
┌ 蛋液 … 100g
│ 蛋黃 … 40g
│ 黍砂糖 … 75g
└ 糖粉 … 75g

B
┌ 杏仁粉 … 80g
│ 丁香粉 … 2g（1小撮～4g）
└ 低筋麵粉 … 100g

奶油 … 100g

事前準備

· 用溫水將柳橙的外皮清洗乾淨，縱
　向切成一半。取1/2個切成厚3mm
　的扇形片用於糖煮柳橙，剩下的則
　榨出果汁用於製作完成用糖漿。
· 將奶油隔水加熱融化。
· 將A的蛋黃打散備用。
· 在模具中鋪入烘焙紙。
· 將烤箱預熱至180℃。

作法

1. 〈糖煮柳橙〉將全部材料放入鍋中，開小火加熱。沸騰後轉為小火，蓋上落蓋熬煮15分鐘後離火，靜置直到降至微溫。

　＊ 若提前做好，可放入乾淨的保存用容器中，置於冰箱冷藏保存2～3天。

2. 〈完成用糖漿〉在小鍋中放入所有材料，開小火加熱。沸騰後離火。

3. 〈蛋糕麵糊〉將A放入調理盆中，用手持式電動攪拌器以低速攪打。整體混合後，轉為高速攪打至呈淺黃色且質地變得濃稠厚重。

4. 將B一起篩入調理盆中，用橡皮刮刀從調理盆底部舀起麵糊，大幅度翻拌至看不見粉類殘留。加入奶油和1，以同樣方式翻拌。

5. 將麵糊倒入模具中，放入預熱至180℃的烤箱中烘烤40分鐘。出爐後，用竹籤戳入蛋糕中央，如果沒有沾附麵糊就表示烤好了。連同模具放到冷卻架上放涼。

　＊ 如果還未烤熟，請觀察蛋糕狀態並繼續烘烤10分鐘。

6. 將2再次以小火加熱，沸騰後離火。用刷子塗抹在5上，待降至微溫後脫模。

　＊ 若用保鮮膜緊密包裹，可冷藏保存約1週。完成後放置2～3天，蛋糕質地會變得更加溼潤。

烤起司蛋糕

散發清爽香氣的葛縷子籽和奶油乳酪非常對味。
適合搭配白酒。可依個人喜好沾取片狀鹽品嚐。

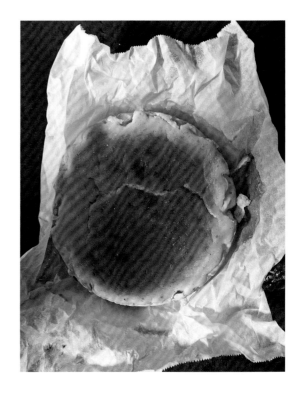

材料　直徑18cm的圓形有底模具1個份

奶油乳酪 … 300g
酸奶油 … 150g
黍砂糖 … 100g
香草莢 … ½根
鮮奶油 … 30g
蛋液 … 100g
蛋黃 … 20g
檸檬果汁 … 30g
米粉 … 10g
葛縷子籽 … 2g（1～4g）

事前準備

・將奶油乳酪置於室溫軟化。
・將香草莢縱向切開，用刀背刮取出香草籽放入容器中。
　加入指定分量的黍砂糖，用黍砂糖磨擦香草莢上殘留的
　香草籽後，再用手指刮取（請參考p.19ⓐ／完成後取出香草
　莢）。
・在模具中鋪入烘焙紙。
・將烤箱預熱至170℃。

作法

1. 在調理盆中放入奶油乳酪，用打蛋器攪拌至柔軟滑順。加入酸
　　奶油和事前準備的黍砂糖混合攪拌，再加入鮮奶油、蛋液、蛋
　　黃繼續攪拌。最後加入檸檬汁和米粉，混合攪拌。

2. 將**1**用網篩過濾ⓐ，加入葛縷子籽ⓑ，用橡皮刮刀混合攪拌後
　　倒入模具中。

3. 在較深的金屬盤中倒入約3cm高的熱水，放入**2**後，放進預熱
　　至170℃的烤箱烘烤50～60分鐘。烤好後，將模具從金屬盤中
　　取出並放到冷卻架上散熱。包上保鮮膜並放入冰箱冷藏3小時
　　以上。待起司蛋糕冷卻變硬後再脫模。

　　＊ 放入密封容器後，可以冷藏保存2～3天。
　　＊ 如封面照片所示淋上適量「大茴香鹽味焦糖抹醬」（請參考p.42）品嚐
　　　也非常美味。

可可奶酥咖啡蛋糕

能享受奶酥顆粒酥脆口感的一款蛋糕。
也很推薦附上發泡鮮奶油或香草冰淇淋享用。

材料　18cm的方形模具1個份

〈可可奶酥〉
低筋麵粉 … 50g
可可粉 … 20g
細砂糖 … 60g
奶油 … 40g

〈咖啡麵糊〉
奶油 … 150g
黍砂糖 … 150g
蛋液 … 150g

A
- 低筋麵粉 … 120g
- 杏仁粉 … 30g
- 泡打粉 … 5g
- 綜合香料B（請參考p.9）
　… 6g（4～8g）

B
- 卡魯哇咖啡酒  … 10g
- 即溶咖啡粉 … 5g

事前準備

・將咖啡麵糊用的奶油置於室溫軟化。將**B**
　混合攪拌。
・將可可奶酥用的奶油切成1cm的塊狀，放
　進冰箱冷藏。
・在模具中鋪入烘焙紙 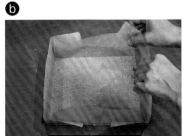。
・將烤箱預熱至180℃。

作法

1. 〈可可奶酥〉將低筋麵粉、可可粉、細砂糖一起篩入調理盆中，加入奶油。用手指邊將奶油搓碎邊讓奶油和粉類結合後，用手掌將整體搓成細碎鬆散的小顆粒 。放入冰箱直到使用之前再取出。
   ＊ 夏天室溫較高時，將製作奶酥的所有材料放進冰箱冷藏後再操作，就能搓出漂亮的小顆粒。

2. 〈咖啡麵糊〉在調理盆中放入奶油，以打蛋器混合攪拌。加入黍砂糖後，繼續充分攪拌至奶油泛白。

3. 將蛋液分成3次加入調理盆中，每次加入時都要用打蛋器充分拌勻。將**A**一起篩入，用橡皮刮刀從調理盆底部舀起麵糊，大幅度翻拌至看不見粉類殘留。

4. 加入事前準備的**B**並將整體拌勻，倒入模具中，撒上**1**的奶酥。

5. 放入預熱至180℃的烤箱中烘烤40～45分鐘。出爐後，用竹籤戳入蛋糕中央，如果沒有沾附麵糊就表示烤好了。連同模具一起放到冷卻架上，待降至微溫後脫模。
   ＊ 如果還未烤熟，請觀察蛋糕狀態並繼續烘烤10分鐘。
   ＊ 若用保鮮膜緊密包裹，可在室溫下保存3～4天。

香料巧克力蛋糕

濃郁的巧克力風味伴隨香料香香辣辣的獨特口感。
請搭配發泡鮮奶油一起享用。

材料　直徑18cm的圓形模具1個份（底部可分離）

A {
　蛋黃 … 80g
　黍砂糖 … 80g
}

B {
　奶油 … 80g
　苦甜巧克力 … 120g
　卡宴辣椒粉 … 1g（1小撮～2g）
　蘭姆酒 … 30g
}

鮮奶油 … 60g
蛋白 … 140g
細砂糖 … 80g
可可粉 … 50g
米粉 … 20g

〈發泡鮮奶油〉
鮮奶油 … 100g
卡宴辣椒粉 … 少許

事前準備

・將B的奶油切成1cm的厚片。將苦甜巧克
　力切成粗末。
・在模具中鋪入烘焙紙。
・將烤箱預熱至200℃。

作法

1. 將A放入調理盆中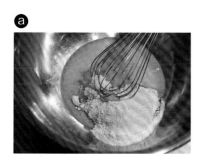，用打蛋器攪拌約3分鐘，直到整體變得濃稠厚重。

2. 在另一個調理盆中放入B，隔水加熱。用橡皮刮刀輕輕攪拌，讓巧克力融化，加入鮮奶油並繼續混合攪拌。

3. 再取另一個調理盆，放入蛋白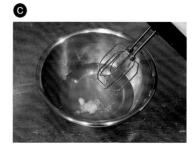，用手持式電動攪拌器以低速打散。加入細砂糖，轉為高速攪打約1分鐘（往上舀起並水平晃動，滴落時會清楚留下痕跡的程度）。

4. 將2加入1中，用打蛋器混合攪拌，將可可粉和米粉一起篩入，攪拌至看不見粉類殘留為止。

5. 將3分成兩次加入4中，每次加入時都用打蛋器切拌混合。最後用橡皮刮刀將麵糊從底部舀起，大幅度翻拌。

6. 倒入模具中，放入預熱至200℃的烤箱中烘烤25分鐘。出爐後，連同模具一起放到冷卻架上，大致放涼後包上保鮮膜，放進冰箱冷藏3小時以上。冷藏變硬後脫模，切分成方便食用的大小後盛盤。
   ＊放入密封容器後冷藏，可保存約1週。

7. 〈發泡鮮奶油〉在調理盆中放入鮮奶油，底下墊著冰水，以手持式電動攪拌器高速攪打至8分發（可拉出前端稍微彎曲的尖角）。附在6的蛋糕旁，撒上卡宴辣椒粉。

優格蘋果蛋糕

香料襯托出蘋果的酸味和甜味。

不論是出爐時用湯匙挖著吃，或是冷藏後再享用都非常美味。

材料　直徑18cm的圓形有底模具1個份

〈奶油煎蘋果〉
蘋果（紅玉）… 2個
奶油 … 20g
細砂糖 … 20g

〈優格麵糊〉
原味優格 … 200g
黍砂糖 … 90g
香草莢 … ½根
蛋液 … 100g
太白胡麻油 … 50g

A ┌ 低筋麵粉 … 100g
　├ 肉豆蔻粉 … 0.5g（1小撮～2g）
　├ 肉桂粉 … 1g（1小撮～2g）
　└ 泡打粉 … 3g
奶油 … 20g
細砂糖 … 10g

事前準備

- 將蘋果帶皮縱向切成8等分的瓣狀，去除果芯後，再切成厚1cm的扇形片ⓐ。
- 將香草莢縱向切開，用刀背刮取出香草籽放入容器中。加入指定分量的黍砂糖，用黍砂糖磨擦香草莢上殘留的香草籽後，再用手指刮取（請參考p.19ⓐ／完成後取出香草莢）。
- 將優格麵糊用的奶油切成5mm的小丁，放進冰箱冷藏。
- 在模具中鋪入烘焙紙。
- 將烤箱預熱至200℃。

作法

1. 〈奶油煎蘋果〉在平底鍋中放入奶油，開中火加熱，奶油融化後，加入蘋果並攤開。轉為大火，不要移動鍋中的蘋果，開始上色時再整體大幅度混合攪拌ⓑ。繼續加熱且不要翻動蘋果約3分鐘，直到再次上色。將細砂糖加入鍋中，待蘋果整體裹上細砂糖後，平鋪到淺盤裡，放置到大略降溫ⓒ。

2. 〈優格麵糊〉將優格和事前準備的黍砂糖放入調理盆中，用打蛋器混合攪拌。再依序加入蛋液、太白胡麻油，每加入一樣都要混合攪拌均勻。將A一起篩入調理盆，用打蛋器切拌混合至看不到粉類殘留為止。

3. 將一半的2倒入模具中，取一半分量的1滿滿地鋪上。再倒入剩下的2，最後放上剩下的1，在整體表面撒上優格麵糊用的奶油小丁。

4. 放進預熱至200℃的烤箱烘烤20分鐘後暫時取出，在表面撒細砂糖，再次放入200℃的烤箱烘烤40分鐘。出爐後，連同模具一起放到冷卻架上，大略放涼後再脫模。

＊ 若用保鮮膜緊密包裹，可冷藏保存約2天。

ⓐ

ⓑ

ⓒ

維多利亞蛋糕

加入香料且散發出清爽香氣的海綿蛋糕和
酸酸甜甜的覆盆子非常對味。

材料　直徑18cm的圓形模具1個份

〈奶油海綿蛋糕麵糊〉

奶油 … 150g

大茴香籽 … 2g（1～3g）

小豆蔻粉 … 2g（1～2g）

糖粉 … 75g

黍砂糖 … 75g

蛋液 … 150g

低筋麵粉 … 210g

泡打粉 … 3g

牛奶 … 30g

〈發泡鮮奶油〉

鮮奶油 … 80g

糖粉 … 10g

覆盆子果醬（請參考p.41）… 80g

糖粉（最後裝飾用）… 少許

事前準備

・將奶油和牛奶分別置於室溫回溫。

・在模具中鋪入烘焙紙。

・將烤箱預熱至170℃。

作法

1. 〈奶油海綿蛋糕麵糊〉將奶油、大茴香籽、肉豆蔻粉放入調理盆中 **ⓐ**，用橡皮刮刀混合攪拌。加入糖粉和黍砂糖，用打蛋器充分攪打至奶油變得蓬鬆且泛白為止。

2. 將蛋液分成3次加入調理盆中，每次加入時都要用打蛋器充分拌勻。將低筋麵粉和泡打粉一起篩入，用橡皮刮刀從調理盆底部舀起麵糊，翻拌至看不見粉類殘留為止。最後加入牛奶充分攪拌，將麵糊倒入模具中。

3. 放入預熱至170℃的烤箱中烘烤50分鐘。出爐後，用竹籤戳入蛋糕中央，如果沒有沾附麵糊就表示烤好了。連同模具放到冷卻架上放涼，脫模後將蛋糕橫切成一半。

＊ 如果還未烤熟，請觀察蛋糕狀態並繼續烘烤10分鐘。

4. 〈發泡鮮奶油〉在調理盆中放入鮮奶油和糖粉，底下墊著冰水，用手持式電動攪拌器高速攪打至9分發（可拉出挺立的尖角）。

5. 在3下方那片蛋糕的切面抹上覆盆子果醬，放上4後，用湯匙背面均勻抹開 **ⓑ**，蓋上上方的蛋糕 **ⓒ**。放進冰箱冷藏約1小時，用茶篩撒上最後裝飾用的糖粉。

ⓐ

ⓑ

ⓒ

成熟風味法布魯頓黑李蛋糕

蘭姆酒的香氣在出爐瞬間撲鼻而來。
熱熱吃很美味，冷藏後再吃也別有一番風味。

材料　16×19×高2.5cm的耐高溫容器1個份

蛋液 … 50g
蛋黃 … 20g
黍砂糖 … 50g
香草莢 … ½根
鹽 … 1小撮

A ┌ 低筋麵粉 … 65g
　│ 肉桂粉
　│ … 1.5g（1小撮～2g）
　│ 肉豆蔻粉
　└ … 0.5g（1小撮～1g）

牛奶 … 150g
鮮奶油 … 180g
黑李乾（無籽）… 120g
蘭姆酒 … 20g
奶油 … 20g
細砂糖 … 10g

事前準備

・將香草莢縱向切開，用刀背刮取出香草籽放入容器中。加入指定分量的黍砂糖，用黍砂糖磨擦香草莢上殘留的香草籽後，再用手指刮取（請參考p.19ⓐ／完成後取出香草莢）。
・將牛奶和鮮奶油放入小鍋中，加熱至和人體肌膚差不多的溫度。
・將黑李乾切成一半，放入耐高溫容器中，繞圈淋上蘭姆酒，鬆鬆地包上保鮮膜ⓐ。放入500W的微波爐中加熱90秒，以包著保鮮膜的狀態放到降至微溫。
・取約10g奶油（額外分量）置於室溫軟化，用手指塗抹在耐高溫容器內側ⓑ。
・將烤箱預熱至200℃。

作法

1. 將蛋液和蛋黃放入調理盆中，用打蛋器混合攪拌，加入事前準備的黍砂糖和鹽，再次混合攪拌。

2. 將A一起篩入調理盆中，用橡皮刮刀從調理盆底部往上舀起麵糊，大幅度翻拌至看不見粉類殘留為止。

3. 將溫熱的牛奶和鮮奶緩緩少量加入調理盆中，用橡皮刮刀混合攪拌後，用網篩過濾麵糊。

4. 將混合了蘭姆酒的黑李乾平均地鋪在耐高溫容器中，繞圈淋上留下的蘭姆酒。將3倒入器皿中ⓒ，從冰箱取出奶油，用手掰成小塊撒在麵糊表面。

5. 放入預熱至200℃的烤箱加熱20分鐘。暫時取出，撒上細砂糖後，再放入降溫至180℃的烤箱烘烤30分鐘。

＊若用保鮮膜緊密包裹，可冷藏保存3～4天。

小豆蔻香蕉麵包

在含有大量香蕉、廣受喜愛的香蕉麵包中添加小豆蔻
提升整體風味。不同以往的滋味讓人備感新鮮。

材料　18cm的方形模具1個份

奶油 … 100g
黍砂糖 … 110g
鹽 … 3g
小豆蔻籽 … 5g（3～8g）
蛋液 … 100g

A　┌ 準高筋麵粉（法國麵包粉）
　　│ … 200g
　　│ 泡打粉 … 3g
　　└ 小蘇打粉 … 1g

香蕉（壓碎用）… 200g（淨重）
香蕉（頂部裝飾用）… 1根

事前準備

・將奶油置於室溫軟化。
・剝除小豆蔻的外皮取出種籽，準備5g
　（3～8g）用菜刀切碎。
・將香蕉（壓碎用）大略切塊並放入調理盆
　中，用叉子壓成泥狀ⓑ。
・在模具中鋪入烘焙紙。
・將烤箱預熱至170℃。

ⓐ

ⓑ

作法

1. 將奶油放入調理盆中，用打蛋器打散後，加入黍砂糖、鹽、小
豆蔻籽，繼續充分攪打至奶油變得蓬鬆且泛白為止。

2. 將蛋液分成3次加入調理盆中，每次加入時都要用打蛋器充分
拌勻。取一半的A一起篩入調理盆中，用橡皮刮刀從調理盆底
部舀起麵糊，大幅度翻拌至看不見粉類殘留為止。

3. 加入一半分量的香蕉泥，用橡皮刮刀將整體麵糊拌勻。

4. 將剩下的A篩入調理盆中，用如同2的方式混拌。再加入剩下
的香蕉泥，用如同3的方式混合攪拌。

5. 將麵糊倒入模具中，將頂部裝飾用的香蕉去皮縱向切成一半，
切面朝上放到麵糊上。

6. 放入預熱至170℃的烤箱烘烤50分鐘。出爐後，用竹籤戳入蛋
糕中央，如果沒有沾附麵糊就表示烤好了。連同模具一起放到
冷卻架上，待降至微溫後脫模。

＊ 如果還未烤熟，請觀察蛋糕狀態並繼續烘烤10分鐘。
＊ 若用保鮮膜緊密包裹，可冷藏保存約2天。

黑櫻桃麵包布丁

將長棍麵包裹上蛋液烘烤即可。剛出爐或冷藏後都很美味。
可隨喜好搭配發泡鮮奶油或香草冰淇淋享用。

材料　12.5×25×高7.5cm的耐高溫容器1個份

長棍麵包 … ½根
奶油 … 30g

A
┌ 蛋液 … 200g
│ 黍砂糖 … 80g
│ 香草莢 … ½根
└ 肉豆蔻粉 … 1g（1小撮～2g）

牛奶 … 300g
鮮奶油 … 200g
黑櫻桃（罐頭） … 200g

事前準備

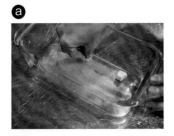

・將奶油置於室溫軟化。
・將**A**的香草莢縱向切開，用刀背刮取出香草籽放入容器中。加入指定分量的黍
　砂糖，用黍砂糖磨擦香草莢上殘留的香草籽後，再用手指刮取（請參考p.19ⓐ／
　完成後取出香草莢）。
・將黑櫻桃罐頭的汁液瀝掉。
・取約10g奶油（額外分量）置於室溫軟化，用手指塗抹在耐高溫容器內側ⓐ。
・將烤箱預熱至170℃。

作法

1. 將長棍麵包切成厚2cm的片狀，在切面上塗滿奶油。放入吐司用烤箱中烘
　 烤5～6分鐘，烤至表面變得脆硬為止，放到冷卻架上降至微溫。

2. 在調理盆中放入**A**，用打蛋器混合攪拌，加入牛奶和鮮奶油並繼續混合攪
　 拌。把**1**放入蛋奶液中，並用保鮮膜緊貼蛋液表面，讓麵包確實浸泡在當
　 中ⓑ，維持這個狀態放入冰箱冷藏1小時～一個晚上。

3. 將**2**的麵包和黑櫻桃交錯排放在耐高溫容器裡ⓒ，把調理盆中剩下的蛋液
　 也倒入ⓓ。

4. 放入預熱至170℃的烤箱烘烤45分鐘。出爐後，用竹籤戳入中央，如果沒
　 有沾附麵糊的話就表示烤好了。

　 ＊ 如果還未烤熟，請觀察蛋糕狀態並繼續烘烤10分鐘。
　 ＊ 若用保鮮膜緊密包裹，可冷藏保存3～4天。

蜂蜜瑪德蓮

加入具有清新濃郁香氣的印度藏茴香籽。
製作出低糖版的瑪德蓮。

材料　7cm長的瑪德蓮模具12個份

奶油 … 90g
印度藏茴香籽 … 2g（1〜4g）
蛋液 … 65g
黍砂糖 … 12g
蜂蜜 … 65g
低筋麵粉 … 65g
泡打粉 … 3g

事前準備

・將奶油切成1cm的厚片。
・將印度藏茴香籽用研磨缽（研磨器亦可）磨成粗粒。
・在擠花袋中裝上1cm的圓形花嘴。
・取約10g奶油（額外分量）置於室溫軟化，用手指塗抹在模具
　內側。
・將烤箱預熱至190℃。

作法

1. 在小鍋中放入奶油和印度藏茴香，開小火加熱。奶油融化後離
   火，放到降至微溫。

2. 在調理盆中放入蛋液、黍砂糖、蜂蜜後，用打蛋器混合攪拌，
   將低筋麵粉和泡打粉一起篩入盆中，從調理盆底部舀起麵糊，
   大幅度翻拌至看不見粉類殘留為止。

3. 將1加入2中，用打蛋器從調理盆底部舀起麵糊，大幅度翻
   拌。包上保鮮膜放進冰箱，靜置麵糊約2小時。

4. 將3填入擠花袋，將麵糊擠入模具內至8分滿。放入預熱至
   190℃的烤箱烘烤15分鐘，烤好後，立刻取出模具並倒扣脫
   模。將脫模的瑪德蓮放到冷卻架上降至微溫。

香料奶茶可麗露

製作重點是不要過度攪拌麵糊。

過度攪拌會產生筋性、讓可麗露變得太有嚼勁。

材料　直徑6.5×高5.5cm的可麗露模具10個份

香料茶用綜合香料（請參考p.20的配方）
　　… 40g

水 … 160g

牛奶 … 500g

奶油 … 20g

準高筋麵粉（法國麵包粉）

（使用「利斯朵」麵粉）… 130g

細砂糖 … 220g

蛋黃 … 60g

蛋液 … 20g

蘭姆酒 … 60g

事前準備

・將蛋黃和蛋液混合攪拌。

・取約10g奶油（額外分量）置於室溫軟化，
　用刷子塗抹在模具內側❶。

・將烤箱預熱至220℃。

作法

1. 將香料茶用綜合香料和指定分量的水放入小鍋中，開小火加熱。煮至沸騰後加入牛奶，加熱至即將沸騰時離火，蓋上鍋蓋靜置，讓溫度降至約60℃。降溫後用茶篩過濾。

2. 取另外一個小鍋，放入奶油以小火加熱，奶油開始微微上色時離火。將鍋子放到以冷水濕濕的布巾上，使其降至微溫❷。

3. 將準高筋麵粉和細砂糖放入調理盆中，用打蛋器混拌，倒入1並輕輕攪拌，加入事前準備的蛋液後，繼續混合攪拌。

4. 將2和蘭姆酒加入3中，用打蛋器混合攪拌。在麵糊表面緊密貼上一層保鮮膜❸，然後將調理盆也包上保鮮膜，放進冰箱冷藏一晚（8小時以上）。

　　＊攪拌過頭的話會產生筋性，需注意。

5. 從冰箱取出麵糊，置於室溫約2小時，讓麵糊回溫。

6. 將麵糊倒入模具中至8分滿，放入預熱至220℃的烤箱中烘烤20分鐘。調降烤箱溫度至180℃繼續烘烤60分鐘。烤好後，立刻取出模具並倒扣脫模，將脫模的可麗露放到冷卻架上降至微溫。

史多倫麵包
⇨ Recipe_p.74

史多倫麵包

加入大量果乾的奢侈美味。

因為是聖誕節的準備期「將臨期」享用的點心而廣為人知。

材料　1個約350g的史多倫麵包2個份

〈蘭姆酒漬水果乾〉

葡萄乾 … 50g

無花果乾 … 20g

杏桃乾 … 20g

蔓越莓乾 … 20g

蘭姆酒 … 60g

〈中種麵團（預發麵團）〉

準高筋麵粉（法國麵包粉）

（使用「利斯朵」麵粉）… 80g

速發乾酵母（耐糖性高酵母）… 2.5g

牛奶 … 80g

〈夾餡〉

杏仁粉 … 40g

黍砂糖 … 40g

牛奶 … 5g

蘭姆酒 … 10g

〈主麵團〉

蛋黃 … 15g

黍砂糖 … 30g

鹽 … 2.5g

奶油 … 80g

準高筋麵粉（法國麵包粉）

（使用「利斯朵」麵粉）… 120g

綜合香料Ⓐ（請參考p.9）… 2g（1～3g）

杏仁 … 40g

〈最後裝飾〉

奶油 … 50g

A ┌ 糖粉 … 100g
　 └ 黍砂糖 … 100g

糖粉 … 適量

事前準備

- 〈蘭姆酒漬水果乾〉將無花果和杏桃分別切成7mm的小丁。將蘭姆酒之外的所有材料放進夾鏈袋裡。倒入蘭姆酒，壓出袋中的空氣並封住袋口ⓐ。放置醃漬一晚～1個月。

- 將主麵團用的奶油切成1cm的塊狀，置於室溫軟化。將杏仁放進預熱至170℃的烤箱烘烤15分鐘，取出後大略切碎。

- 在烤盤上鋪矽膠烘焙墊（烘焙紙亦可）。

- 將中種麵團用的牛奶加溫至35℃。

- 將最後裝飾的A放進調理盆中混拌，然後平鋪在淺盤中。

ⓐ

作法

1. 〈中種麵團（預發麵團）〉將準高筋麵粉和速發乾酵母放入調理盆中，用打蛋器混拌。倒入溫牛奶，用橡皮刮刀攪拌至看不到粉類殘留為止。蓋上保鮮膜並將溫度設定為30℃（使用烤箱的發酵功能）放置60～90分鐘，讓麵團發酵膨脹到兩倍大。

   ＊如果烤箱沒有發酵功能的話，可置於室溫1～2小時，讓麵團發酵膨脹到兩倍大。

2. 〈夾餡〉在調理盆中放入所有材料，用橡皮刮刀小幅度充分攪拌（避免拌入空氣）。剛開始食材無法成團，但攪拌約5分鐘後，就會變成扎實的麵團。將做好的夾餡分成兩等分，分別塑成12cm長的圓柱體並用保鮮膜包裹起來。

3. 〈主麵團〉在1中加入蛋黃和黍砂糖，用橡皮刮刀混合攪拌。均勻混合後，加入鹽和奶油並用手混合。

4. 加入準高筋麵粉和綜合香料Ⓐ，用手混合至看不見粉類後，取出放到平台上，繼續搓揉約5分鐘，然後整圓成一團。用調理盆蓋著麵團，靜置休息15分鐘。

5. 移開調理盆，用擀麵棍擀成直徑25cm的圓形。在圓形的上半部分別鋪上⅔分量的杏仁和蘭姆酒漬水果乾，用下半部的麵團蓋起來ⓑ。

6. 在5的右半邊鋪上剩下的杏仁和蘭姆酒漬水果乾，用左半邊的麵團蓋起來ⓒ。用刮板將麵團切成3cm的小塊ⓓ。將切好的麵團混合搓揉約3分鐘，讓配料和麵團均勻融合ⓔ。將麵團切成2等分並分別整成圓形，用調理盆蓋住，讓麵團靜置休息15分鐘。

7. 移開調理盆後，將麵團往上翻面，擀成寬18×長12cm的橢圓形。在麵團靠近身體這側的⅓處放上撕掉保鮮膜的2，從另一端將麵團往靠近身體這側折起ⓕ。另一個麵團也以同樣方式操作。

8. 將7放到烤盤上，在麵團上覆蓋用力擰乾的濕布巾，靜置休息15分鐘。

   ＊在這個步驟將烤箱預熱至180℃。

9. 移開布巾後，放入180℃的烤箱烘烤40分鐘。

10. 〈最後裝飾〉在小鍋中放入奶油，用文火加熱。當奶油融化且開始冒泡時，維持這個狀態加熱10分鐘。

    ＊剛開始融化的奶油會有部分變白，但隨著繼續加熱，白色部分會逐漸消失且變得清澈。

11. 將9連同烤盤一起放到冷卻架上，用刷子將10塗抹在麵包表面，使其滲透進麵包裡。維持這個狀態靜置休息約15分鐘。

12. 將11放進平鋪了A的淺盤中，讓整體均勻裹上。維持這個狀態靜置約6小時直到完全冷卻。用茶篩撒上糖粉後即完成。

    ＊若用保鮮膜緊密包裹，可置於室溫（夏天須放在冰箱的蔬菜室裡）保存約90天。麵包體會在約1週後變得更加溼潤，約3週後則是最美味的狀態。

加入香料的飲品充滿獨特口感
彷彿只要喝下就會充滿活力。
可以直接單獨飲用，也可以搭配料理品嚐，
一起好好享受這和以往稍有不同的滋味吧。

加入香料的飲品

Column #2

香料糖漿蘇打

各種香料的風味連綿不絕地湧出。
也很推薦搭配料理一起品嚐。

材料　方便製作的分量

〈香料糖漿〉

細砂糖 … 75g

水 … 45g＋300g

黍砂糖 … 75g

香草莢 … ¼根

A
┌ 肉桂棒 … 1根
├ 丁香粒 … 2.5g
├ 八角粒 … 5個
└ 黑胡椒粒 … 2g

檸檬 … 1個

柳橙汁 … 30g

氣泡水 … 適量

事前準備

・將香草莢縱向切開，用刀背刮取出香草籽放入容器
中。加入指定分量的黍砂糖，用黍砂糖磨擦香草莢上
殘留的香草籽後，再用手指刮取（請參考p.19ⓐ／完成後
取出香草莢）。

・將檸檬皮黃色的部分磨碎，榨出果汁。

作法

1.　〈香料糖漿〉在鍋中放入細砂糖和指定分量45g
的水，開中火加熱。待鍋邊開始上色時晃動鍋
子，加熱至糖漿整體變成深褐色為止。離火後，
在鍋底墊一塊沾溼的布巾放涼。

2.　在1中加入指定分量300g的水，以小火加熱，用
橡皮刮刀攪拌至焦糖均勻溶解。加入事前準備的
黍砂糖和A、磨碎的檸檬皮屑，熬煮至水分剩下
一半為止。加入準備好的檸檬汁和柳橙汁，稍微
煮沸一下即離火，用網篩過濾後靜置冷卻。
　　＊放進乾淨的保存用玻璃瓶中，可冷藏保存約1週。

3.　在放入冰塊的玻璃杯中，將香料糖漿與氣泡水以
1：2.5～3的比例倒入杯中，再加入少許檸檬汁
（額外分量）即完成。

山椒＆芒果拉西

風味強烈的山椒搭配芒果，創作出圓潤的口感。
這是一款小朋友也能飲用的溫和飲品。

材料　2人份

芒果果肉 … 100g（淨重）
＊冷凍芒果或罐頭芒果亦可。

原味優格 … 120g

牛奶 … 30g

上白糖 … 10～20g

山椒粉 … 1撮

作法

將所有材料放入果汁機等調理器中攪打即可。
＊甜度和山椒的量可以依喜好調整。

香料＆香草植物水

風味清爽的香草植物和香料的香氣是絕佳美味！
請依喜好加入砂糖或蜂蜜飲用。

材料　1ℓ份

小豆蔻粒 … 7g
萊姆 … ½個
胡荽籽 … 5g
綠薄荷 … 6g

作法

〈冷飲〉
將小豆蔻剝開一半、萊姆切成圓片。在水罐等容器中放
入所有材料和1ℓ的水，放進冰箱冷藏3小時。飲用前先
以網篩過濾。

〈熱飲〉
將小豆蔻剝開一半、萊姆切成圓片。將所有材料和1ℓ
的熱水放入鍋中，燜煮約3分鐘後，用網篩等過濾入茶
壺等容器中。

蘋果甜西打

能充分享受蘋果和香料滋味彼此映襯的飲品。
請好好品味這款無糖且不含酒精的飲料。

材料　約700mℓ份

100%蘋果汁 … 1ℓ
蘋果 … 1個
八角粒 … 1個
肉桂棒 … 5g
多香果粒 … 2g
丁香粒 … 10粒

作法

將蘋果帶皮縱向切成4等分，去除果芯後，再切成厚
1cm的瓣狀。將所有材料放入鍋裡，開中火加熱。將產
生的浮沫撈除乾淨，轉為小火燉煮30分鐘後，用網篩
過濾出液體。

＊放進乾淨的保存用容器中，可冷藏保存2～3天。
＊過濾出來的蘋果片可以冷卻後製成糖煮蘋果，或放入耐高溫容
　器中，鋪上p.15步驟6的奶酥，再放進180℃的烤箱烘烤20分
　鐘，做成一道甜點。

在塔類和蘋果派的杏仁奶油餡中加入香料，
並巧妙融合麵團或其他材料。如果是其他種
類的派，則是在多次折疊的奶油麵團中加入
香料烘烤而成。雖然製作派皮的過程有些辛
苦，但烤出來的成品酥脆可口，風味絕佳。

Tarts & Pies

香蕉椰子塔

香蕉和杏仁奶油餡堪稱最佳拍檔。
製作重點為充分冷卻麵團並花時間烘烤。

材料　10×25cm的塔模1個份（底部可分離）

香蕉 … 180g（淨重）

〈塔皮麵團〉

A
- 奶油 … 85g
- 糖粉 … 15g
- 黍砂糖 … 15g
- 鹽 … 1g

蛋液 … 25g
低筋麵粉 … 120g
杏仁粉 … 30g

〈杏仁奶油餡〉
奶油 … 50g
黍砂糖 … 50g
蛋液 … 50g
杏仁粉 … 50g
甜茴香籽 … 3g（1～4g）
細椰絲 … 30g
蘭姆酒（建議使用「白蘭姆酒」）… 10g

事前準備

・將塔皮麵團和杏仁奶油餡用的奶油分別置
　於室溫軟化。
・將烤箱預熱至180℃。

作法

1. 〈塔皮麵團〉將A的材料放入調理盆中，用打蛋器混拌，加入蛋液後繼續混拌。將低筋麵粉和杏仁粉一起篩入調理盆中，用刮板將整體切拌混合ⓐ。

2. 在平台上鋪保鮮膜，把1聚攏成一團後，置於保鮮膜上包起來，放進冰箱靜置休息3小時以上。

＊麵團在用保鮮膜緊密包裹的狀態下，冷藏可保存2天，冷凍則可保存2週。若冷凍保存，使用之前先置於冷藏室解凍。

3. 從冰箱取出麵團並放在平台上，用手揉成容易擀開的硬度。

＊剛從冰箱取出的麵團很硬且易碎，所以要先揉軟使其易於操作。但必須注意不要揉壓過度，否則麵團會變得太軟。

4. 用擀麵棍擀成15×30cm的長方形，鋪進塔模裡。用手指確實地按壓底部和側面麵皮使其緊密貼合模具ⓑ。用擀麵棍滾過模具邊緣切除多餘的麵皮。蓋上保鮮膜後，放進冰箱休息30分鐘。

5. 〈杏仁奶油餡〉在調理盆中放入奶油、黍砂糖，用打蛋器混合攪拌，加入蛋液並繼續攪拌。加入杏仁粉攪拌，最後加入剩下的所有材料充分攪拌。

6. 將4從冰箱中取出，均等填入5並抹平。在上方排放切成5mm厚的香蕉圓片，放入預熱至180℃的烤箱中烘烤50～60分鐘。出爐後，連同模具一起放在冷卻架上，待降至微溫後脫模。

ⓐ

ⓑ

地瓜塔

地瓜的甜味和香料的風味達到完美平衡。
不論大人或小孩都會喜歡的一款甜塔。

材料　直徑18cm的圓形塔模1個份（底部可分離）

〈塔皮麵團〉

A
┌ 奶油 … 85g
│ 糖粉 … 15g
│ 黍砂糖 … 15g
└ 鹽 … 1g

蛋液 … 25g

低筋麵粉 … 120g

杏仁粉 … 30g

〈地瓜泥〉

地瓜（Silk Sweet）… 350g

奶油 … 15g

牛奶 … 20～50g（依地瓜的水分調整分量）

細砂糖
　… 5～20g（依地瓜的水分調整分量）

〈杏仁奶油餡〉

奶油 … 50g

黍砂糖 … 50g

香草莢 … ¼根

多香果粉 … 0.5g（1小撮～2g）

蛋液 … 50g

杏仁粉 … 50g

葡萄乾 … 50g

蘭姆酒 … 15g

〈最後裝飾用〉

蛋液 … 15g

鹽（使用「馬爾頓」天然海鹽）… 適量

事前準備

・將塔皮麵團和杏仁奶油餡用的奶油分別置於室溫軟化。

・將香草莢縱向切開，用刀背刮取出香草籽放入容器中。加入指定分量的黍砂糖，用黍砂糖磨擦香草莢上殘留的香草籽後，再用手指刮取（請參考p.19ⓐ／完成後取出香草莢）。

・在耐高溫容器中放入葡萄乾和蘭姆酒混合，鬆鬆地包上保鮮膜。放入微波爐以500W加熱1分鐘，以包著保鮮膜的狀態放到降至微溫。

・將烤箱預熱至180℃。

作法

1. 〈塔皮麵團〉以如同p.15作法**1**～**4**的步驟製作麵團，鋪入模具內並放進冰箱靜置休息。

2. 〈地瓜泥〉將地瓜帶皮切成2cm大小的塊狀，泡水約10分鐘後瀝乾。將地瓜放入冒出蒸氣的蒸爐中10～15分鐘。蒸好後放入調理盆，加入奶油、牛奶和細砂糖，用叉子大略搗碎ⓐ，再用橡皮刮刀混合拌勻。
＊ 根據地瓜鬆軟的程度和甜度調整牛奶和細砂糖的用量。要做出溼潤的地瓜塔，必須考量到地瓜的水分會在烘烤過程中蒸發。

3. 〈杏仁奶油餡〉在調理盆中放入奶油、事前準備的黍砂糖、多香果粉，用打蛋器混合攪拌，加入蛋液並繼續攪拌。加入杏仁粉攪拌，最後將混合了蘭姆酒的葡萄乾連同酒液一起加入混合攪拌。

4. 將**1**從冰箱取出，填入**3**並推開抹平。放入預熱至180℃的烤箱烘烤30分鐘。

5. 從烤箱取出後，平鋪上**2**，用刷子在表面刷一層蛋液ⓑ並撒上鹽ⓒ，放回180℃的烤箱烘烤20分鐘。連同模具一起放到冷卻架上，待降至微溫後脫模。

ⓐ

ⓑ

ⓒ

香氣四溢的香料蘋果派

酥脆的派皮和充滿香料風味的杏仁奶油餡
讓蘋果的美味更上一層樓。

材料　直徑18cm的圓形塔模1個份（底部可分離）

〈糖煮蘋果〉
蘋果（紅玉）… 3個
奶油 … 20g
細砂糖 … 30g

〈杏仁奶油餡〉
奶油 … 50g
黍砂糖 … 50g
蛋液 … 50g
杏仁粉 … 50g
蘭姆酒（威士忌亦可）… 10g
綜合香料Ⓐ（請參考p.9）
　… 5g（3～8g）

〈派皮麵團〉
基礎派皮麵團（p.88）… 全部分量

事前準備

・以如同p.88作法**1**～**10**的步驟製作基礎
　派皮麵團。
・將杏仁奶油餡用的奶油置於室溫軟化。
・將烤箱預熱至180℃。

作法

1. 〈糖煮蘋果〉將蘋果帶皮縱向切成8等分的瓣狀，去除果芯
　後，再切成厚1cm的扇形片。在平底鍋中放入奶油，開中火加
　熱，奶油融化後，加入蘋果並攤開。轉為大火繼續加熱，直到
　蘋果煎至上色之前都不要翻動。

2. 待蘋果上色後，將整體大幅度翻拌，繼續加熱且不要翻動蘋果
　約3分鐘，直到再次上色。將細砂糖加入鍋中，待蘋果整體裹
　上細砂糖後，平鋪到淺盤裡，放置到大略降溫。

3. 〈杏仁奶油餡〉在調理盆中放入奶油和黍砂糖，用打蛋器混合
　攪拌，加入蛋液並繼續攪拌。加入杏仁粉攪拌，再加入蘭姆酒
　和綜合香料混合攪拌。最後加入**2**再次混合攪拌。

4. 從冰箱取出基礎派皮麵團並撕除保鮮膜，將麵團依比例切成
　2:1兩塊ⓐ。用擀麵棍將較大的那塊擀成直徑28cm的圓形，鋪
　入模具中。用手指確實地按壓底部和側面麵皮使其緊密貼合模
　具，填入**3**並推開ⓑ。

5. 用擀麵棍將較小的那塊麵團擀成直徑20cm的圓形，放到**4**
　上。用擀麵棍滾過模具邊緣切除多餘的麵皮ⓒ。

6. 用刀子在表面劃入數道切口ⓓ，放進預熱至180℃的烤箱烘烤
　45～50分鐘。出爐後，連同模具一起放到冷卻架上，待降至
　微溫後脫模。

孜然鹽味派皮餅乾

可以享受脆硬中帶著酥鬆的口感。
非常適合當作下酒小點的一款派皮餅乾。

事前準備

・將千層派皮麵團和內層奶油麵團用的奶油分別切成
　1cm的丁狀 ，將千層派皮麵團用的奶油放進冰箱冷
　藏，內層奶油麵團用的奶油則置於室溫軟化。
・將A混合並放進冰箱冷藏，使用之前再取出。
・在烤盤上鋪矽膠烘焙墊（烘焙紙亦可）。
・將烤箱預熱至200℃。

作法

1. 〈千層派皮麵團〉以如同p.88作法**1**～**2**的步驟
　　製作。

2. 〈內層奶油麵團〉在調理盆中放入準高筋麵粉、
　　奶油、孜然籽，用橡皮刮刀以按壓磨擦的方式將
　　麵團混合攪拌至均勻為止。

3. 以如同p.88作法**4**～**10**的步驟製作派皮麵團。

4. 從冰箱中取出**3**並撕除保鮮膜，放到撒上適量手
　　粉的平台上（高筋麵粉／額外分量），用擀麵棍擀
　　成3mm厚的麵皮，再用刀子切成5mm×10cm
　　的棒狀 。排放在烤盤中並撒上鹽，放入200℃
　　的烤箱烘烤15分鐘，出爐後，連同烤盤一起放
　　到冷卻架上放涼。

材料　方便製作的分量（完成的分量約360g）

〈千層派皮麵團〉　　　　〈內層奶油麵團〉
準高筋麵粉（法國麵包粉）　準高筋麵粉（法國麵包粉）
（使用「利斯朵」麵粉）　　（使用「利斯朵」麵粉）
　… 120g　　　　　　　　… 50g
鹽 … 3g　　　　　　　　奶油 … 125g
奶油 … 30g　　　　　　　孜然籽 … 5g（3～8g）

A ┌ 水 … 40g　　　　　〈最後裝飾用〉
　└ 白酒醋 … 1g　　　　鹽（使用「馬爾頓」天然海鹽）
　　　　　　　　　　　　　　… 適量

起司胡椒派皮餅乾

能充分品嚐起司風味的酥脆派皮餅乾。
微辣的胡椒讓整體口感更為出色。

材料 方便製作的分量（完成的分量約360g）

〈千層派皮麵團〉
準高筋麵粉（法國麵包粉）
（使用「利斯朵」麵粉）… 120g
鹽 … 3g
奶油 … 30g

A｛水 … 40g
　白酒醋 … 1g

〈內層奶油麵團〉
準高筋麵粉（法國麵包粉）
（使用「利斯朵」麵粉）… 35g
奶油 … 105g
起司粉（艾登起司）… 30g
黑胡椒粒 … 5g

事前準備

- 將千層派皮麵團和內層奶油麵團用的奶油分別切成1cm的丁狀，將千層派皮麵團用的奶油放進冰箱冷藏，內層奶油麵團用的奶油則置於室溫軟化。
- 將A混合並放進冰箱冷藏，使用之前再取出。
- 將黑胡椒粒用胡椒研磨器（研磨缽亦可）磨碎。
- 在烤盤上鋪矽膠烘焙墊（烘焙紙亦可）。
- 將烤箱預熱至200℃。

作法

1. 〈千層派皮麵團〉以如同p.88作法**1～2**的步驟製作。

2. 〈內層奶油麵團〉在調理盆中放入準高筋麵粉和奶油、起司粉、磨碎的黑胡椒，用橡皮刮刀以按壓磨擦的方式將麵團混合攪拌至均勻為止。

3. 以如同p.88作法**4～10**的步驟製作派皮麵團。

4. 從冰箱中取出**3**並撕除保鮮膜，放到撒上適量手粉的平台上（高筋麵粉／額外分量），用擀麵棍擀成3mm厚的麵皮，再用刀子切成1×12cm的棒狀。扭轉成螺旋狀後排放在烤盤上 ，放入200℃的烤箱烘烤15分鐘，出爐後，連同烤盤一起放到冷卻架上放涼。

基礎
派皮麵團

透過多次重複操作「折疊→放進冰箱冷藏休息」的步驟，製作出派皮的酥脆口感。雖然需要多花一點時間，但只要能掌握基礎作法，就能明顯提升成品的美味程度。

材料　方便製作的分量（完成的分量約360g）

〈千層派皮麵團〉

準高筋麵粉（法國麵包粉）

（使用「利斯朵」麵粉）… 120g

鹽 … 3g

奶油 … 30g

A ┌ 水 … 40g
　└ 白酒醋 … 1g

〈內層奶油麵團〉

準高筋麵粉（法國麵包粉）

（使用「利斯朵」麵粉）… 50g

奶油 … 125g

事前準備

· 將千層派皮麵團和內層奶油麵團用的奶油分別切成1cm的丁狀，將千層派皮麵團用的奶油放進冰箱冷藏，內層奶油麵團用的奶油則置於室溫軟化。

· 將A混合並放進冰箱冷藏，使用之前再取出。

作法

1. 〈千層派皮麵團〉將準高筋麵粉和鹽放入調理盆中，加入奶油。用手指邊將奶油搓碎邊讓奶油和粉類結合，再用手掌將整體搓成細碎鬆散的狀態。
   * 夏天室溫較高時可以用食物調理機操作，奶油比較不會融化，能做出酥脆且充滿香氣的麵團。

2. 加入A並用刮板切拌，將整體混合。大略混合後，用手搓揉並將麵團整成一團（表面有點粗糙也沒關係）。用刀子在麵團上畫十字切口ⓐ，用保鮮膜包裹起來放進冰箱冷藏休息1小時。

3. 〈內層奶油麵團〉在調理盆中放入準高筋麵粉和奶油，用橡皮刮刀以按壓磨擦的方式ⓑ將麵團混合攪拌至均勻為止。

4. 裁剪一張邊長12cm的方形紙，用膠帶將其貼在平台上（當作擀開麵皮時的參考），在上方鋪保鮮膜後放上3，然後於麵團上方再鋪一層保鮮膜。將上下兩張保鮮膜折疊成邊長12cm的正方形ⓒ，用刮板整理麵團的四邊ⓓ並用擀麵棍將麵團擀成一致的厚度ⓔ。放進冰箱冷藏休息1小時。

5. 從冰箱取出2並撕除保鮮膜，放到平台上，從劃出切口的地方向外翻ⓕ，將麵團攤開，再用擀麵棍輕輕壓平ⓖ。大略壓平後，將麵團擀成邊長16cm的正方形。

6. 從冰箱取出4並撕除保鮮膜，將直角對準邊長中心點放到5上（轉45度）ⓗ，再以避免麵團之間包入空氣的方式將麵團往內包折起來ⓘ，用手指捏合麵團的交界處。

7. 在平台上撒手粉（高筋麵粉／額外分量）並放上6，用擀麵棍在表面按壓，將麵團壓平推開成長方形，長度變成約15cm後，將麵團轉90度，再用擀麵棍擀成15×25cm的麵皮ⓙ。

8. 將麵團分別往中央折入⅓ⓚ，縱向擺放，用擀麵棍擀成15×25cm的麵皮。再次將麵團分別往中央折入⅓並用保鮮膜包裹起來，放進冰箱冷藏休息1小時。

9. 從冰箱取出麵團並撕除保鮮膜，縱向擺放於撒了手粉（高筋麵粉／額外分量）的平台上，用擀麵棍擀成15×25cm的麵皮。將麵團分別往中央折入⅓，一樣縱向擺放並用擀麵棍擀成15×25cm的麵皮。再次將麵團分別往中央折入⅓並用保鮮膜包裹起來，放進冰箱冷藏休息1小時。

10. 再次重複操作9的步驟後即完成。使用之前再撕除保鮮膜ⓛ。
    * 如果要保存的話，用保鮮膜緊密包裹後，冷藏可保存2天，冷凍則可保存2週。若冷凍保存，使用之前先置於冷藏室解凍。

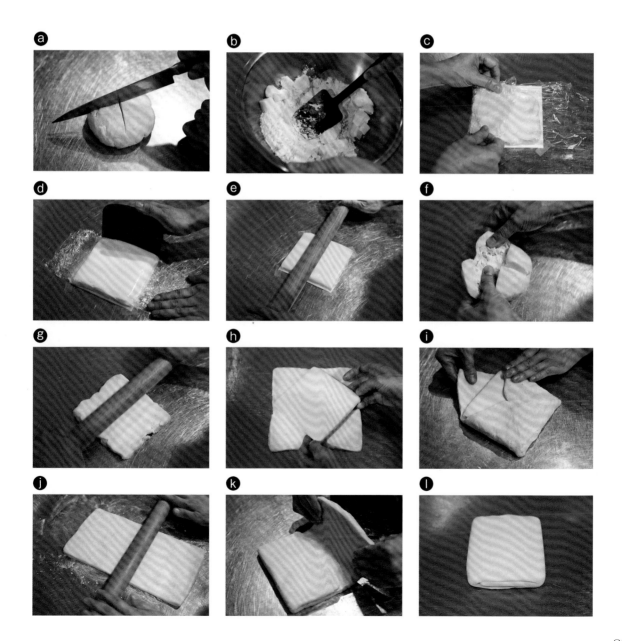

外觀看起來是大家熟悉的日常點心，但咬下瞬間就會感受到驚喜！
香料的香氣在口中擴散開來，簡直成了全然不同的美味。
請當作驚喜小點心好好品嚐。

讓人驚呼「原來還能這樣做！」的香料點心

Column #3

大茴香橙皮
甜甜圈

添加大茴香、口感獨特的甜甜圈。
沾取大茴香鹽味焦糖抹醬享用,
更能加倍感受到香料的風味。

材料　直徑約9cm的甜甜圈6個份

高筋麵粉 … 250g

黍砂糖 … 30g

速發乾酵母 … 3g

水 … 10g

牛奶 … 140g

蛋黃 … 50g

A　┌ 鹽 … 4g
　　├ 奶油 … 30g
　　├ 糖漬橙皮 … 60g
　　└ 大茴香籽 … 4g

油炸用油 … 適量

手粉(高筋麵粉) … 適量

大茴香鹽味焦糖抹醬
　　(請參考p.42) … 適量

事前準備

・將A的奶油置於室溫軟化。將糖漬橙
　皮切成碎末。

・將牛奶加熱至30℃。

作法

1. 將高筋麵粉和黍砂糖放入調理盆中,用打蛋器混合攪拌。

2. 另取一個調理盆,放入指定分量的水和速發乾酵母,用橡皮刮刀攪拌至整體均勻融合。邊將牛奶以少許分量逐次加入邊用打蛋器混拌,加入蛋黃混合攪拌。

3. 將2倒入1中,用手混拌至看不見粉類為止。取出放到平台上,用手搓揉約10分鐘後整成圓形,放回調理盆中。包上保鮮膜讓麵團靜置休息15分鐘。
　　＊剛開始麵糊會黏手,但在搓揉過程中會慢慢結合成一團。

4. 取出麵團放到平台上,加入A之後,繼續揉約10分鐘。
　　＊剛開始會無法成團,但持續揉一陣子後,就會變成充滿光澤的漂亮麵團。

5. 再次將麵團整圓並放回調理盆中,包上保鮮膜後,放入25～30℃的烤箱中(使用烤箱的發酵功能),讓麵團發酵膨脹至兩倍大。
　　＊如果烤箱沒有發酵功能的話,可置於室溫1～2小時,讓麵團發酵膨脹到兩倍大。

6. 取出麵團放到平台上,用擀麵棍輕輕壓平推開成3cm厚。將麵團移到淺盤上,包上保鮮膜,放入冰箱靜置休息1小時。
　　＊放入冰箱靜置休息能讓麵團更容易使用,最久可以靜置12小時。

7. 將6放在撒了手粉的平台上,用擀麵棍擀成2cm厚。用外圍直徑6.7cm的甜甜圈模具壓出形狀,保持間隔地排放到淺盤裡。將剩下的麵團切分成一口大小,一樣間隔放到淺盤裡。蓋上用力擰乾的濕布巾,放入25℃的烤箱約40分鐘,讓麵團發酵膨脹至1.5倍大。

8. 將油炸用油加熱至190℃,放入3～4個7油炸約90秒,翻面後繼續炸約1分鐘,然後放到冷卻架上降至微溫。重複操作這個步驟。切成一口大小的麵團也同樣油炸過。沾取大茴香鹽味焦糖抹醬享用。

2種銅鑼燒

散發香辣氣息的餅皮。
一起享受有2種夾餡、風味不同以往的銅鑼燒吧！

材料　直徑8cm的銅鑼燒8個份

〈杏桃紅豆餡〉
杏桃乾 … 70g
肉桂棒 … 5g
丁香粒 … 3粒
細砂糖 … 20g
水 … 100g
蘭姆酒 … 5g
顆粒紅豆餡（市售品）… 140g

〈餅皮麵糊〉
蛋液 … 120g
黍砂糖 … 80g
上白糖 … 70g
味醂 … 15g
蜂蜜 … 20g
牛奶 … 80g
低筋麵粉 … 200g
小蘇打粉 … 2g
肉豆蔻粉
　… 0.5g（1小撮～1g）
黑胡椒粒 … 2g（1～4g）
玄米油 … 適量

〈鹹奶油紅豆餡〉
顆粒紅豆餡（市售品）… 200g
奶油 … 80g
鹽（使用「馬爾頓」天然海鹽）… 少許

事前準備

・將鹹奶油紅豆餡的材料先個別分成4等
　分。

作法

1.　〈杏桃紅豆餡〉將杏桃乾切成1cm的塊狀並放入小鍋中，加入肉桂、丁香、細砂糖、指定分量的水，開中火加熱。加熱至沸騰後蓋上落蓋，轉為小火熬煮15分鐘。加入蘭姆酒後離火，靜置冷卻。放涼後用網篩過濾，混合顆粒紅豆餡後分為4等分。

2.　〈餅皮麵糊〉在調理盆中放入蛋液、黍砂糖、上白糖，用打蛋器攪拌至整體質地變得濃稠厚重。加入味醂和蜂蜜後繼續攪拌，再加入牛奶混合攪拌。將低筋麵粉和小蘇打粉一起篩入。用打蛋器從調理盆底部舀起麵糊，大幅度翻拌混合。取出一半放到另一個調理盆中。

3.　在其中一個調理盆中加入肉豆蔻粉，另一個調理盆加入用胡椒研磨器（研磨缽亦可）磨碎的黑胡椒，分別混合攪拌後蓋上保鮮膜，靜置休息30分鐘。

4. 用廚房紙巾沾玄米油抹在平底鍋中，開小火加熱。鍋子變熱後，用湯勺舀起加了肉豆蔻粉的麵糊，倒入直徑8cm的圓形模框中。麵糊表面陸續冒出氣泡時翻面，將另一面也煎過。以相同方式再煎7片（1片約30g）。加入黑胡椒的麵糊也以同樣方式煎出8片。

5. 將4排放在砧板上，覆蓋用力擰乾的濕布巾，待其降至微溫。

6. 將加了肉豆蔻的餅皮夾入1的〈杏桃紅豆餡〉，將加了黑胡椒的餅皮夾入事前準備的〈鹹奶油紅豆餡〉，分別製作4個。

花椒炸年糕米果

將香料的香氣融入炸油中製作而成的米果。
微辣的香味與富有層次的風味讓人一口接一口。

材料　方便製作的分量

方形年糕 … 4個（180g）
玄米油 … 1ℓ
八角粒 … 3個
肉桂棒 … 10g
甜茴香籽 … 1g（0.5～3g）
鹽 … 4g
花椒粉 … 適量

作法

1. 將方形年糕切成1cm的塊狀，放在網篩上2～3天，使其乾燥至表面出現裂痕為止。如果要馬上製作的話，可以放入120℃的烤箱烘烤20～30分鐘。

2. 在油炸鍋中放入玄米油、八角、肉桂、甜茴香籽，以中火加熱至170℃。將1放入鍋中，油炸至呈金黃焦糖色後，放到網篩上瀝除油分。

3. 將2放到調理盆中，撒上鹽和花椒，並讓整體均勻沾裹。

* 放進乾淨的密封保存容器中再放入乾燥劑，可於室溫下保存3～4天。

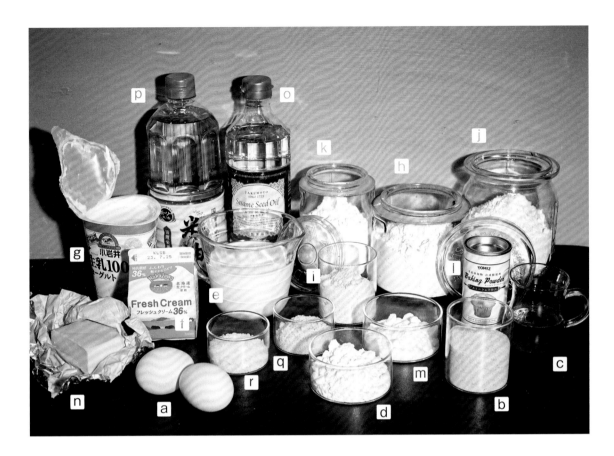

基本材料

製作點心時，使用的食材是決定口感和美味的關鍵。
請根據用途選擇合適的材料。

a 雞蛋

雞蛋的大小各有不同，因此本書中是以公克數（g）為單位標示。一般來說，M尺寸的全蛋為50g（蛋黃20g＋蛋白30g），L尺寸的全蛋為60g（蛋黃20g＋蛋白40g）。除非特別註明，否則都要在使用前置於室溫回溫。

b 黍砂糖／**c** 蜂蜜／**d** 糖粉

本書中主要是使用黍砂糖。含有較多礦物質，所以更能感受到濃郁感。如果想做出酥鬆的口感，還會加入一些糖粉。

e 牛奶／**f** 鮮奶油／**g** 原味優格

牛奶使用成分未經調整的鮮奶，鮮奶油則使用乳脂肪含量35%～36%的產品，原味優格使用原料為100%生乳的產品。

h 低筋麵粉／**i** 杏仁粉／**j** 準高筋麵粉／**k** 高筋麵粉

盡可能選用新鮮的產品。烘焙用粉類的保存期限意外地短，所以請儘快使用完畢。粉類在保存時容易吸收其他食材的味道，所以要確實密封並遠離香氣強烈的食材。尤其是杏仁粉，因為很容易氧化，所以建議每次只購買需要的用量就好。

l 泡打粉／**m** 小蘇打粉

泡打粉能讓麵糊垂直向上膨脹，小蘇打粉則是能使麵團往橫向膨脹。兩種都很容易結塊，所以使用前必須和粉類一起過篩。

n 奶油／**o** 太白胡麻油／**p** 玄米油

盡可能選用新鮮的產品。我購買時會選擇能在開封後1個月內用完的分量。為了避免奶油的表面與空氣接觸，必須先用保鮮膜緊密包裹，再放入密封容器或夾鏈袋，並置於冰箱冷藏保存。

q 「給宏德鹽」／**r** 「馬爾頓天然海鹽」（片狀）

給宏德鹽選用的是顆粒最細的微粒鹽。能融合在食材中所以非常好用。馬爾頓鹽則是脆硬的片狀海鹽，適合用於最後裝飾時撒在表面。

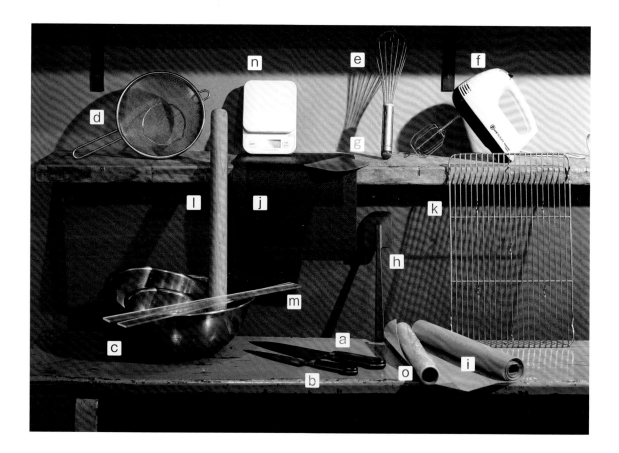

基本工具

製作甜點時備有必要的工具，製作過程就會非常順暢。

可以使用自己熟悉的物品，若有缺少的東西再備齊即可。

a 菜刀／b 小刀

製作甜點時，有小刀就很夠用了。菜刀會在切南瓜等大型食材時派上用場。

c 調理盆（15cm、21cm、27cm）／d 網篩

備齊大、中、小三個尺寸的調理盆，能讓製作過程更順利。由於會有隔水加熱或墊著冰水冷卻等步驟，所以建議選擇導熱效果良好的不鏽鋼製品。用於過篩粉類的網篩則選擇具有把手且網目較細的。直徑約15cm的比較方便使用。

e 打蛋器／f 手持式電動攪拌器

長度25～28cm的打蛋器較方便使用。較小的打蛋器則適合用於混合少量的食材。在製作蛋白霜或海綿蛋糕麵糊時，會用到手持式電動攪拌器。請選擇可切換高速、中速、低速的產品。

g 刮板／h 橡皮刮刀

刮板用於刮除沾附在調理盆上的粉類、切分奶油、切分麵團等。橡皮刮刀選用耐高溫（高於200℃）的矽膠製產品會比較好用。

i 烘焙紙／j 矽膠烘焙墊／k 網冷卻用網架

烘焙紙用於鋪在烤盤或模具中，以避免麵糊或麵團沾黏。在烘烤餅乾或派等含有較多奶油的麵團時，使用矽膠烘焙墊能適度排出油分，烤出酥脆的麵皮。由於矽膠烘焙墊可重複清洗使用，因此備有一塊會非常方便。冷卻用網架則是能將烤好的甜點置於其上散熱，在塗抹糖漿等步驟時也能派上用場。

l 擀麵棍／m 厚度平衡尺

直徑約3cm、長度超過40cm的擀麵棍使用起來較為方便。本書中使用的是3mm的厚度平衡尺。

n 料理秤／o 保鮮膜

為了計量香料的重量，最好選用能夠秤量到微量0.1g的電子秤。保鮮膜則用平常熟悉的產品即可。選擇寬度30cm以上的產品會比較好用。

村山由紀子
Yukiko Murayama

料理家。1977年生於日本東京。武藏野美術大學畢業。2003年在東京吉祥寺創立移動餐車「吉Pan」，並成為大排長龍的知名麵包店。2006年和大學時代的朋友一起開設「Yucca.」咖啡店。曾有許多雜誌撰稿介紹且常客眾多，但可惜於2012年結束營業。之後，和吉祥寺知名咖哩店「piwang」的老闆石田徹結婚，在協助店鋪運作的同時從事雜誌撰稿、外燴服務等，活躍於諸多領域。經過長期研究製作而成的香料甜點，在伊勢丹新宿店、玉川高島屋 S.C等百貨公司的活動中大受歡迎，販售當天即銷售一空。著有《ベジヌードル》（主婦與生活社）等書。

Instagram @yukiyucca
https://www.murayamayukiko.com/

攝影協力

·富澤商店
https://tomiz.com/

·Event Space & Café キチム
https://kichimu.la

·piwang ピワン
Instagram @piwaang
https://piwang.jp

·UTUWA

·AWABEES

日文版 STAFF

藝術指導·設計
小橋太郎（Yep）

攝影
邑口京一郎

造型
岩﨑牧子

校對·DTP
かんがり舍

印刷總監
栗原哲朗（圖書印刷）

編輯
小橋美津子（Yep）
若名佳世（山與溪谷社）

SPICE WO TANOSHIMU CAKE TO OKASHI
© Yukiko Murayama 2023
Originally published in Japan in 2023 by Yama-Kei Publishers Co., Ltd., TOKYO. Traditional Chinese Characters translation rights arranged with Yama-Kei Publishers Co., Ltd., TOKYO, through TOHAN CORPORATION, TOKYO.

國家圖書館出版品預行編目(CIP)資料

東京秒殺香料甜點的黃金比例配方：喚醒味蕾的極品蛋糕&點心48款／村山由紀子著；黃嫣容譯. -- 初版. --
臺北市：臺灣東販股份有限公司, 2024.12
96面：18.6×25.7公分
ISBN 978-626-379-668-3（平裝）
1. CST：點心食譜

427.16   113016680

東京秒殺香料甜點的黃金比例配方
喚醒味蕾的極品蛋糕&點心48款

2024年12月1日　初版第一刷發行

作　者　村山由紀子
譯　者　黃嫣容
編　輯　魏紫庭
發行人　若森稔雄
發行所　台灣東販股份有限公司
　　　　＜地址＞台北市南京東路4段130號2F-1
　　　　＜電話＞(02)2577-8878
　　　　＜傳真＞(02)2577-8896
　　　　＜網址＞https://www.tohan.com.tw
法律顧問　蕭雄淋律師
總經銷　聯合發行股份有限公司
　　　　＜電話＞(02)2917-8022

Printed in Taiwan